工业机器人

苏　娜　康瑞芳　著

中国纺织出版社

内 容 提 要

本书系统地介绍了与工业机器人技术相关的基础知识，全书共分为九章，主要内容包括：概述、工业机器人电气控制系统的构成、工业机器人及控制器的连接、工业机器人指令信号与反馈信号电路、工业机器人驱动方式、工业机器人PLC控制、机器人路径规划、工业机器人的安全防护及工业机器人的发展趋势。

本书内容全面新颖，由浅入深，从机器人技术的基础出发，涉及机器人的操作、日常维护检修、安全使用等各个方面，实用性强，有利于学生实践能力的培养，可作为机械、电气控制、自动化及相近专业的本科教材，同时也可作为专业技术人员、机器人爱好者的参考用书。

图书在版编目(CIP)数据

工业机器人 / 苏娜，康瑞芳著. — 北京 ：中国纺织出版社，2018.12

ISBN 978-7-5180-5704-7

Ⅰ.①工… Ⅱ.①苏… ②康… Ⅲ.①工业机器人 Ⅳ.①TP242.2

中国版本图书馆 CIP 数据核字(2018)第 272920 号

责任编辑：苗 苗　　责任校对：楼旭红　　责任印制：王艳丽

中国纺织出版社出版发行
地址：北京市朝阳区百子湾东里 A407 号楼　邮政编码：100124
销售电话：010—67004422　传真：010—87155801
http://www.c-textilep.com
E-mail:faxing@ c-textilep.com
中国纺织出版社天猫旗舰店
官方微博 http://weibo.com/2119887771
北京虎彩文化传播有限公司 印刷　各地新华书店经销
2018 年 12 月第 1 版第 1 次印刷
开本：787×1092　1/16　印张：10.5
字数：166 千字　定价：68.00 元

前　言

工业机器人是面向工业领域的多关节机械手或多自由度的机器装置，它能自动执行工作，是靠自身动力和控制能力来实现各种功能的一种机器。工业机器人作为生产线辅助设备，已逐步应用到汽车、电子信息、食品、医药、塑胶化工、金属加工等多个制造业领域，并成为助推传统制造模式向先进制造模式升级的重要驱动力，代表着未来智能装备的发展方向。随着机器人应用的日益广泛和装机容量的直线上升，对这类技术人员的需求也变得越来越迫切。但由于各工业机器人厂家高端机电设备的本体和控制器都是专门设计的，其内部结构不可视，因此缺乏直观的教学效果，学生参与性差，无法对机器人本体和电控系统进行拆装，也无法深入了解其内部结构和原理。

本教材共分为九章。第一章对工业机器人进行了概述；第二章主要是使学生对工业机器人电气控制系统具有一个整体的认识，对各个控制元件的功能有所了解，对工业机器人的控制过程建立一个总体思路框架；第三章至第五章主要完成电气控制系统电路的连接及驱动工作，以工业机器人与控制器的连接为主线，论述了工业机器人指令信号与反馈信号电路，并介绍了工业机器人驱动方式与保养，逐步完成工业机器人电气控制系统的电路连接与驱动工作；第六章介绍了工业机器人中 PLC 的作用，如何利用 PLC 完成工业机器人与外部设备的通信工作，保证设备间的协调运行；第七章将理论与实践相结合，深刻论述了机器人路径规划；第八章介绍了机器人的日常安全防护；第九章对工业机器人的未来发展进行了展望，希望更多的同学对工业机器人产生浓厚兴趣，进而培养更多相关的高科技人才。

本教材的特点是理论深度适当，注重实际应用，易读易懂，全方位介绍机器人的相关知识与应用技术。此外，作者结合工作、教学和科研经验，力图以任务引领、项目驱动、小组合作的方式组织教学内容、开展教学活动。在课程中，通过知识准备，可以提高学生分析问题和解决问题的能力；通过完成实施任务，可以增强学生的创新意识，锻炼动手能力；通过以小组合作的形式完成机器人项目，可以培养学生们的协作能力和团队精神。

由于编者水平所限，加之工业机器人控制技术发展迅速，教材中存在不足在所难免，诚请广大读者批评指正。

编　者

2018 年 7 月

前　言

　　工业机器人是面向工业领域的多关节机械手或多自由度的机器装置,它能自动执行工作,是靠自身动力和控制能力来实现各种功能的一种机器。工业机器人作为生产线辅助设备,已逐步应用到汽车、电子信息、食品、医药、塑胶化工、金属加工等多个制造业领域,并成为助推传统制造模式向先进制造模式升级的重要驱动力,代表着未来智能装备的发展方向。随着机器人应用的日益广泛和装机容量的直线上升,对这类技术人员的需求也变得越来越迫切。但由于各工业机器人厂家高端机电设备的本体和控制器都是专门设计的,其内部结构不可视,因此缺乏直观的教学效果,学生参与性差,无法对机器人本体和电控系统进行拆装,也无法深入了解其内部结构和原理。

　　本教材共分为九章。第一章对工业机器人进行了概述;第二章主要是使学生对工业机器人电气控制系统具有一个整体的认识,对各个控制元件的功能有所了解,对工业机器人的控制过程建立一个总体思路框架;第三章至第五章主要完成电气控制系统电路的连接及驱动工作,以工业机器人与控制器的连接为主线,论述了工业机器人指令信号与反馈信号电路,并介绍了工业机器人驱动方式与保养,逐步完成工业机器人电气控制系统的电路连接与驱动工作;第六章介绍了工业机器人中 PLC 的作用,如何利用 PLC 完成工业机器人与外部设备的通信工作,保证设备间的协调运行;第七章将理论与实践相结合,深刻论述了机器人路径规划;第八章介绍了机器人的日常安全防护;第九章对工业机器人的未来发展进行了展望,希望更多的同学对工业机器人产生浓厚兴趣,进而培养更多相关的高科技人才。

　　本教材的特点是理论深度适当,注重实际应用,易读易懂,全方位介绍机器人的相关知识与应用技术。此外,作者结合工作、教学和科研经验,力图以任务引领、项目驱动、小组合作的方式组织教学内容、开展教学活动。在课程中,通过知识准备,可以提高学生分析问题和解决问题的能力;通过完成实施任务,可以增强学生的创新意识,锻炼动手能力;通过以小组合作的形式完成机器人项目,可以培养学生们的协作能力和团队精神。

　　由于编者水平所限,加之工业机器人控制技术发展迅速,教材中存在不足在所难免,诚请广大读者批评指正。

编　者

2018 年 7 月

目 录

CONTENTS

第一章 概　述

说到机器人，人们会想起美丽的佳佳（图1-1）和萌萌的小曼（图1-2）。

图1-1　佳佳机器人

图1-2　小曼机器人

当然还有更炫更酷的，如我国深圳优必选公司研制的阿尔法机器人（图1-3），以及日本电气股份有限公司（NEC）研制的PaPeRo机器人（图1-4），还有法国Aldebaran Robotics公司研制的NAO机器人（图1-5）。

图1-3　阿尔法机器人

图1-4　PaPeRo机器人

图1-5　NAO机器人

国际机器人联合会（IFR）统计表明：中国自2013年起连续三年成为全球最大的工业机器人消费市场。全球四大工业机器人巨头FANUC（发那科）、Yaskawa（安川）、KUKA（库卡）和ABB占50%左右的市场份额。

2016年10月20日，由工业和信息化部和中国科学技术协会、北京市人民政府主办的"2016世界机器人大会"在北京召开，包括工业机器人在内的各式机器人轮番亮相，真可谓异彩纷呈。

第一节　工业机器人的定义

工业机器人是面向工业领域的多关节机械手或多自由度的机器装置，它能自动执行工作，是靠自身动力和控制能力来实现各种功能的一种机器。它可以接受人类指挥，也可以按照预先设定的程序运行。

美国机器人协会提出的工业机器人定义为："工业机器人是用来进行搬运材料、零件、工具等可再编程的多功能机械手，或通过不同程序的调用来完成各种工作任务的特种装置。"

国际标准化组织(ISO)曾于1987年对工业机器人给出了定义："工业机器人是一种具有自动控制的操作和移动功能，能够完成各种作业的可编程操作机。"

ISO 8373对工业机器人给出了更为具体的解释："机器人具备自动控制及可再编程、多用途功能；机器人末端操作器具有三个或三个以上的可编程轴；在工业自动化应用中，机器人的底座可固定也可移动。"

第二节　工业机器人的分类及技术参数

一、工业机器人的分类

关于工业机器人的分类，国际上没有制定统一的标准，可按机器人的几何结构、智能程度、应用领域等来划分。

1. 按机器人的几何结构分类

机器人的结构形式多种多样，最常见的结构形式是用其坐标特性来描述的。这些坐标结构包括笛卡尔坐标结构、柱面坐标结构、极坐标结构、球面坐标结构和关节式结构等。

2. 按机器人的智能程度分类

(1)示教再现机器人是第一代工业机器人。它能够按照人类预先示教的轨迹、行为、顺序和速度重复作业，示教可由操作员手把手进行或通过示教器完成。

(2)感知机器人是第二代工业机器人。它具有环境感知装置，能够在一定程度上适应环境的变化，目前已经进入应用阶段。

(3)智能机器人是第三代工业机器人。它具有发现问题，并且能够自主解决问题的能力。到目前为止，在世界范围内还没有一个统一的智能机器人定义。大多数专家认为智能机器人至少要具备以下三个要素：一是感觉要素，用来认识周围环境状态；二是运动要素，对外界做出反应性动作；三是思考要素，根据感觉要素所得到的信息，思考出采用什么样的动作。

3. 按机器人的应用领域分类

按作业任务将工业机器人分为焊接、搬运、装配、喷涂和处理机器人等,如图 1-6 所示。

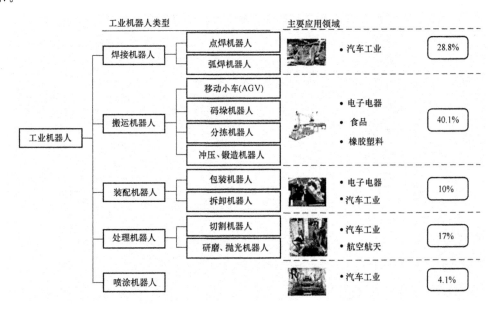

图 1-6　按机器人的应用领域分类

我国的机器人专家从应用环境出发,将机器人分为两大类,即工业机器人和特种机器人。所谓工业机器人就是面向工业领域的多关节机械手或多自由度机器人。而特种机器人则是除工业机器人之外的、用于非制造业并服务于人类的各种先进机器人,主要包括服务机器人、水下机器人、娱乐机器人、军用机器人和农业机器人等。在特种机器人中,有些分支发展很快,有独立成体系的趋势,如服务机器人、水下机器人、军用机器人和微操作机器人等。目前,国际上的机器人学者,从应用环境出发将机器人也分为两类:制造环境下的工业机器人和非制造环境下的服务与仿人型机器人,这和我国的分类是一致的。

空中机器人又称为无人机器(简称无人机),在军用机器人家族中,无人机是科研活动最活跃、技术进步最大、研究及采购经费投入最多、实战经验最丰富的领域。

无人机可以搭载电子战综合系统,执行通信侦察干扰、雷达侦察干扰等任务,对敌方进行区域干扰压制。此外还可用于民用领域,在航空测量和海洋海事巡逻方面大展身手。

人形服务型机器人是为人类服务的特种机器人,能够代替人完成家庭服务工作,是未来家庭的"万能"管家。

二、工业机器人的技术参数

工业机器人的技术参数,指各工业机器人制造商在产品供货时所提供的技术数据,主要包括自由度、精度、工作范围、最大工作速度和承载能力等,如表1-1所示。

表1-1 工业机器人主要技术参数

参数名称	参数含义
自由度	指机器人所具有的独立坐标轴运动的数目,不应包括手爪(或末端执行器)的开合自由度
精度	指定位精度和重复定位精度。定位精度是指机器人手部实际到达位置与目标位置之间的差异;重复定位精度是指机器人重复定位手部于同一目标位置的能力
工作范围	指机器人手臂末端或手腕中心所能到达的所有点的集合,也称为工作区域
最大工作速度	有的厂家指工业机器人自由度上最大的稳定速度,有的厂家指手臂最大合成速度
承载能力	指机器人在工作范围内的任何位置上所能承受的最大质量

第三节 工业机器人产业发展现状及趋势

机器人是集机械、电子、控制、传感、人工智能等多学科先进技术于一体的自动化装备。自1956年机器人产业诞生后,经过近60年发展,机器人已经被广泛应用在装备制造、新材料、生物医药和智慧新能源等高新产业。机器人与人工智能技术、先进制造技术和移动互联网技术的融合与发展,推动了人类社会生活方式的巨大变革。

一、机器人产业发展现状

IFR认为,2016—2017年,美洲和欧洲的机器人销量预计年均增长6%,亚洲和澳洲预计年均增长16%。至2017年年底,全球范围内工业机器人保有量预计将达200万台。图1-7,所示为2001—2020年中国工业机器人销量及预测。

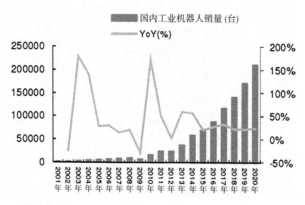

图1-7 2001—2020年中国工业机器人销量及预测

国际机器人联盟主席ArturoBaroncelli在世界机器人大会上称,到2018年,全球范围内工业机器人保有量将突破230万台,其中140万台在亚洲,占比超过1/2。

根据 IFR 的统计,亚洲是目前全球工业机器人使用量最大的地区,占世界范围内机器人使用量的 50%,其次是美洲(包括北美、南美)和欧洲。

工业机器人的主要产销国集中在日本、韩国和德国,这三国的机器人保有量和年度新增量位居全球前列。

目前,全球服务机器人市场仅有部分国防机器人、家用清洁机器人、农业机器人实现了产业化,而技术含量更高的医疗机器人、康复机器人等仍然处于研发试验阶段。2012—2017 年服务机器人市场年复合增长率将达到 17.4%,市场规模预计将在 2017 年达到 461.8 亿美元。

二、机器人产业发展趋势分析

当前各个国家对机器人技术都是非常重视,人们生活对智能化要求的提高也促进了机器人的发展,在这样的背景下,机器人技术的发展可以说是一日千里,未来机器人将在以下关键技术的基础上飞速发展,如图 1-8 所示。

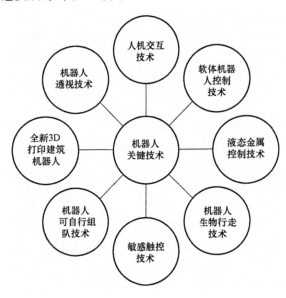

图 1-8　机器人关键技术

三、我国机器人产业发展现状及前景

工业机器人是现代制造业重要的自动化装备,已成为国内外备受重视的高新技术产业,它作为现代制造业的主要自动化装备在制造业中广泛应用,也是衡量一个国家制造业综合实力的重要标志。

1. 发展现状

我国机器人的研究制造始于 20 世纪 70 年代,在"十五"和"十一五"攻关计划和 863 计划等科技计划的支持下,尤其是在制造业转型升级市场需求的拉动下,我国工业机器人产业发展迅速,在技术攻关和设计水平上有了长足的进步。

工业机器人产业链由零部件供应企业、本体制造商、代理商、系统集成商和用户端等构成,如图 1-9 所示。

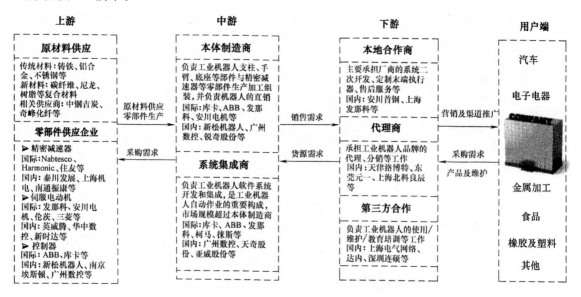

图 1-9　工业机器人产业链

在外企纷纷通过本土企业使得自己更加适合中国市场生态的同时,国内大小企业也在纷纷抢滩。2016 年年初工信部的一项调查显示,中国涉及机器人生产及集成应用的企业达到 800 余家。中国机器人也出现了不少自主品牌,如沈阳新松、广州数控、长沙长泰、安徽埃夫特、昆山华恒、北京机械自动化所等为数不多的十几家具备一定规模和水平的企业。

2. 发展前景

随着我国工业转型升级、劳动力成本不断攀升及机器人生产成本下降,未来"十三五"期间,机器人是重点发展对象之一,国内机器人产业正面临加速增长拐点。

工信部发布的《机器人产业发展规划(2016—2020 年)》中指出:到 2020 年我国自主品牌工业机器人年产量达到 10 万台,六轴及以上工业机器人年产量达到 5 万台以上;服务机器人年销售收入超过 300 亿元,在助老助残、医疗康复等领域实现小批量生产及应用;培育 3 家以上具有国际竞争力的龙头企业,打造 5 个以上机器人配套产业集群。图 1-10 所示为我国机器人产业发展规划(2016—2020 年)。

工业机器人平均无故障时间达到8万小时

我国工业机器人年产量达到10万台,其中六轴及以上机器人达到5万台以上

机器人用关键零部件在六轴及以上工业机器人中实现批量应用,市场占有率达到50%以上

服务机器人年销售收入超过300亿元,在一些领域实现小批量生产及应用

到2020年

重点行业实现规模化应用

培育3家以上的龙头企业,打造5个以上机器人配套产业集群

智能机器人实现创新应用

图 1-10　我国机器人产业发展规划(2016—2020 年)

　　人工智能是研究、开发用于模拟、延伸和扩展人的智能的理论、方法、技术及应用系统的一门新的技术科学。人工智能从诞生以来,理论和技术日益成熟,应用领域也不断扩大,可以设想,未来人工智能带来的科技产品,将会是人类智慧的"容器"。

第二章　工业机器人电气控制系统的构成

"机器人"是一个新造词，它体现了人类长期以来的一种愿望，即创造出一种机器，代替人去做各种工作。

现代的工业机器人还可以根据人工智能技术制定的原则纲领行动。

第一节　工业机器人的组成

工业机器人一般由控制系统、驱动系统、位置检测机构及执行机构等几部分组成。

一、控制系统

控制系统是工业机器人的大脑，支配着机器人按规定的程序运动，并记忆人们给予的指令信息（如动作顺序、运动轨迹、运动速度等），同时按其控制系统的信息对执行机构发出执行指令。

二、驱动系统

驱动系统是按照控制系统发来的控制指令驱动执行机构运动的装置。常采用电气、液压、气压等驱动形式。

三、位置检测机构

通过速度、位置、触觉、视觉等传感器检测工业机器人的运动位置、运动速度和工作状态，并随时反馈给控制系统，以便使执行机构到达设定的位置。

四、执行机构

执行机构是一种具有和人手相似的动作功能，可在空间抓持物体或执行其他操作的机械装置，主要包括如下部件。

手部：又称抓取机构或夹持器，用于直接抓取工件或工具。此外，在手部安装的某些专用工具，如焊枪、喷枪、电钻、螺钉/螺帽拧紧器等，可视为专用的特殊手部。

　　腕部：连接手部和手臂的部件，用以调整手部的姿态和方位。

　　手臂：支撑手腕和手部的部件，由动力关节和连杆组成。用以承受工件或工具的载荷，改变工件或工具的空间位置，并将它们送至预定的位置。

　　机座：包括立柱，是整个工业机器人的基础部件，起着支撑和连接的作用。

第二节　工业机器人的控制和编程

一、工业机器人的控制原理

　　控制系统是工业机器人的重要组成部分，它使工业机器人按照作业要求去完成各种任务。由于工业机器人的类型较多，其控制系统的形式也是多种多样的。按照控制回路的不同可将工业机器人控制系统分为开环式和闭环式；按对工业机器人手部运动控制轨迹的不同，可分为点位控制和连续轨迹控制。

　　最常见的控制系统是闭环控制系统。控制系统把位置控制指令送到系统的比较器，再跟反映工业机器人实际位置的反馈信号进行比较，得到位置差值，将其差值加以放大，驱动伺服电动机旋转，使工业机器人的某一环节运动。工业机器人新的运动位置经检测再次送到比较器与位置指令进行比较，产生新的误差信号，误差信号继续控制工业机器人运动，这个过程一直持续到误差信号为零为止。

　　目前最为常见的编程系统为"示教再现式"系统。这种控制系统的工作过程被分为"示教"和"再现"两个阶段。在示教阶段，由操作者拨动示教盒上的开关按钮，手动控制工业机器人，使它按需要的姿势、顺序和路线进行工作。此时，工业机器人会将示教的各种信息通过反馈回路逐一返回到记忆装置中存储起来。在实际工作时，拨动控制面板上的相应开关可使工业机器人转入再现阶段，于是工业机器人从记忆装置中依次读出在示教阶段所存储的信息，利用这些信息去控制工业机器人再现示教阶段的动作。这种控制方法的优点在于，工业机器人一边工作一边可自动完成作业程序的编制，省去了编程的麻烦。此外，操作人员在示教时可以随时用眼睛监视工业机器人的各种动作，可以避免发出错误指令，产生错误动作。

　　在点位控制机器人中（如点焊机器人），每个运动轴通常都是单独驱动的，各个运动轴相互协调运动，实现各个坐标点的精确控制。在示教状态下，操作者使用示教盒上的控制按钮，分别移动各个运动轴，使工业机器人的臂部到达一个个控制点，按下示教盒编程按钮存储各个控制点的位置信息。再现或自动操作时，各个坐标轴以相同的速度互不相关地进行

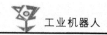

运动。哪个运动轴移动距离短便先到达控制点,自动停止下来等待其他运动轴。就这样,完成了一个控制点的运动。由此可见,点位控制是控制点与点的位置,它们之间所经过的路线不必考虑,也很难预料。

在连续轨迹控制机器人中(如涂装、弧焊机器人),其控制与数控机床比较相似,它对连续轨迹进行离散化处理,用许多小间隔的空间坐标点表示曲线,将这些坐标点存储在存储器内。在示教时,操作者可以直接移动工业机器人或使用手臂引导工业机器人通过预期的路径来编制这个运动程序,控制器按一定的时间增量记下工业机器人的有关位置,时间增量可在每秒5~80个点的范围内变化。存储时,不仅要将位置信息、动作顺序存储起来,还必须将工业机器人动作的时间信息一起存储到存储器中,以便控制工业机器人的运动速度。再现时,工业机器人运动的位置信息从存储器上读出,送到控制器中控制工业机器人完成规定的动作。

值得说明的是,由计算机控制的现代工业机器人大都具有轨迹插补功能。这样,工业机器人在操作使用方便性和工作精度方面都得到了大大提高。

二、工业机器人的编程方法

工业机器人的编程是与其所采用的控制系统相一致的,因而,不同工业机器人的运行程序的编程也有不同的方法,常用的编程方法有示教法和离线编程法等。

1. 手控示教编程

这是一种最简单,也是一种最常用的机器人编程方法。对于点位控制机器人和连续轨迹机器人有着不同的示教方法。点位控制机器人示教编程时,是通过示教盒上的按钮,逐一地使工业机器人的每个运动轴运动,到达需要编程点位置后,操作者就将这一点的位置信息存储在其存储器内。每个控制点的程序都要经过一次这样的编程过程。

而连续轨迹控制机器人示教编程时则通过操作者握住工业机器人的手部,以要求的速度通过需要的路线进行示教,同时由存储器记录每个运动轴的连续位置。但是,由于有些工业机器人传动系统和某些传动元件(如齿轮、丝杆)的关系,不可能由操作者拖着工业机器人的手部进行运动。因而,这类工业机器人往往附设一个没有驱动元件并装有反馈装置的工业机器人模拟机,通过这种模拟机对工业机器人进行示教编程。操作者牵着模拟机通过所要求的路径,同时将每个运动轴的移动信息按一定的频率进行采样,并将采样信息处理后存入计算机。

这种编程方法的优点是通过示教直接产生工业机器人的控制程序,较为方便。但也有运动轨迹准确度不高、不能得到正确的运动速度、需要相当大的存储容量等缺点。

2. 离线编程法

由计算机控制的工业机器人一般都采用离线编程法,这种方法与 NC 机床编程方法相似。它能用某种编程语言在计算机终端上离线为工业机器人编制程序,然后将编制好的程序输入工业机器人的存储器,随时供其使用。离线编程的优点在于:

(1)设备利用率高,不会因编程而影响工业机器人执行任务。

(2)便于信息集成,可将工业机器人控制信息集成到 CAD/CAM 数据库和信息系统中。在现代机械制造系统中,工业机器人编程可由先进的 CAD/CAM 系统来完成,这和 CAD/CAM系统编制 NC 零件加工程序完全一样。

第三节　工业机器人电气控制系统的构成

工业机器人电气控制系统主要由 IPC 单元、示教器单元、PLC 单元、伺服驱动器等单元组成,本节主要以华数 HSR-JR608 型工业机器人为例来说明。各个单元间的连接关系如图 2-1 所示。

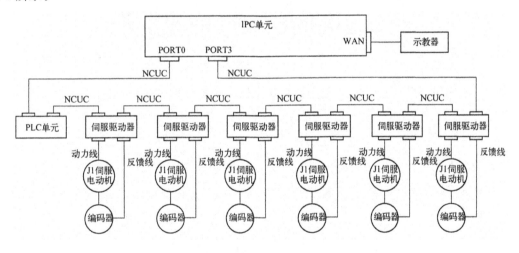

图 2-1　工业机器人电气控制系统基本构成

由图 2-1 可见,IPC 单元、PLC 单元和伺服驱动器通过 NCUC 总线连接到一起,完成相互之间的通信工作。IPC 单元是整个总线系统的主站,PLC 单元与伺服驱动器是从站。NCUC 总线接线是从 IPC 单元的 PORT0 口开始,连接到第一个从站的 IN 口,从第一个从站 OUT 口出来的信号接入下一从站的 IN 口,以此类推,逐个相连,把各个从站串联起来,从最后一个从站的 OUT 口出来连接到主站 IPC 单元的 PORT3 口上,即完成了总线的连接。

一、IPC 单元

IPC 单元是工业机器人的运算控制系统。工业机器人在运动中的点位控制、轨迹控制、手爪空间位置与姿态的控制等都是由它发布控制命令的。它由微处理器、存储器、总线、外围接口组成。它通过总线把控制命令发送给伺服驱动器,也通过总线收集伺服电动机的运行反馈信息,通过反馈信息来修正工业机器人的运动。IPC 单元的外观如图 2-2 所示。

图 2-2　IPC 单元的外观

IPC 单元的额定工作电压是 DC(直流电)24 V,通常由开关电源为其供电。

二、示教器单元

示教器单元是工业机器人的人机交互系统。通过该设备,操作人员可对工业机器人发布控制命令、编写控制程序、查看其运动状态、进行程序管理等操作。示教器单元的外观如图 2-3 所示。

图 2-3　示教器单元的外观

该设备的额定工作电压为 DC 24 V,通常由开关电源为其供电。

三、PLC 单元

可编程控制器(PLC)是一种专为在工业环境下应用而设计的数字运算操作的电子系统。它采用可编程序的控制器,用来执行逻辑运算、顺序控制、定时、计数和算术运算等操作的指令,并通过数字式、模拟式的输入和输出,控制各种类型的机械设备和生产过程。

PLC 是工业机器人中另一个非常重要的运算系统,它主要完成与开关量运算有关的一些控制要求,如工业机器人急停的控制、手爪的抓持与松开、与外围设备协同工作等。

在工业机器人控制系统中,IPC 单元和 PLC 单元协调配合,共同完成工业机器人的控制。PLC 单元的额定工作电压为 DC 24 V,通常由开关电源为其供电。其外观如图2-4所示。

图 2-4　PLC 单元的外观

四、伺服驱动器

伺服驱动器接收来自 IPC 单元的进给指令,这些指令经过驱动装置的变换和放大后转变成伺服电动机进给的转速、转向与转角信号,从而带动机械结构按照指定要求准确运动。因此,伺服驱动器是 IPC 单元与工业机器人本体的联系环节。

HSV160U 伺服驱动器的额定工作电压是三相交流 220 V,而在企业中动力电源都是三相交流 380 V,这就需要伺服变压器把三相交流 380 V 的电源变成三相交流 220 V,为伺服驱动器供电。其外观如图 2-5 所示。

图 2-5　伺服驱动器的外观

五、伺服电动机

伺服电动机将伺服驱动器的输出转变为机械运动,它与伺服驱动器一起构成伺服控制系统,该系统是 IPC 单元和工业机器人传动部件间的联系环节。伺服电动机可分为直流伺服电动机和交流伺服电动机,目前应用最多的是交流伺服电动机,交流伺服的研究与开发是现代控制技术的关键技术之一。

伺服电动机是由伺服驱动器进行供电的,所提供的电能是一种电压、电流、频率随指令的变化而变化的电能。其外观如图 2-6 所示。

图 2-6　伺服电动机的外观

六、光电式脉冲编码器

闭环控制是提高工业机器人控制系统运动精度的重要手段，而位置检测传感器则是构成闭环控制必不可少的重要元件。位置检测传感器对控制对象的实际位置进行检测，并将位置信息传送给运动控制器，控制器将指令信息与反馈信息进行比较得出差值，利用差值对控制目标做出修调。

编码器在工业机器人控制系统中用于检测伺服电动机的转角、转速和转向信号，该信号将反馈给伺服驱动器和 IPC 单元，在伺服驱动器内部进行速度控制，在 IPC 单元内部进行转角控制。编码器的外观如图 2-7 所示。

图 2-7　编码器的外观

第四节　工业机器人电气柜控制系统

一、伺服控制系统

伺服控制系统是一种能够跟踪输入的指令信号进行动作，从而获得精确的位置、速度及动力输出的自动控制系统。如防空雷达控制就是一个典型的伺服控制过程，它以空中的目标为输入指令，雷达天线要一直跟踪目标，为地面炮台提供目标方位；加工中心的机械制造过程也是伺服控制过程，位移传感器不断地将刀具进给的位移传送给计算机，通过与加工位置目标比较，由计算机输出继续加工或停止加工的控制信号；机电一体化系统中的伺服控制是为执行机构按设计要求实现运动而提供控制和动力的重要环节。

在工业机器人电气控制系统中，由 IPC 单元、伺服驱动器、伺服电动机和光电式脉冲编

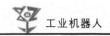

码器构成伺服控制系统。在该控制系统中,IPC 单元作为控制核心,发出控制命令,该命令被伺服驱动器接收,之后驱动伺服电动机按照指令要求运动。伺服电动机的运动情况由光电式脉冲编码器检测,编码器将检测结果反馈给伺服驱动器和 IPC 单元,用于修正给定的指令,这个过程一直持续到误差信息为零为止。

二、PLC 控制系统

PLC 控制系统主要完成开关量的控制工作,它的控制内容包括急停处理、限位保护、各个轴的抱闸等。

工业机器人通常不是单独完成某些工作的,都是和其他自动化设备组成工业控制系统完成具体的工作。在组成工业控制系统的过程中,需要 PLC 与外部设备进行通信,使工业机器人与外部设备协调工作。

三、继电控制系统

继电控制系统是利用具有继电特性的元件进行控制的自动控制系统。所谓继电特性是指在输入信号作用下输出仅为通、断状态的特性,所以继电控制也称通断控制。由于 PLC 技术的发展,继电控制系统在电气控制系统中逐步被 PLC 取代,但是 PLC 至今也无法完全代替继电控制系统。

第五节　工业机器人供电电路

一、一次回路

一次回路是在电气控制系统中将电能从电源传输到用电设备所经过的电路。例如,把发电机、变压器、输配电线、母线、开关等与用电设备(电动机、照明用具)连接起来的电路。这些在发电、输电、配电的主系统上所使用的设备称为一次设备,一次设备相互连接构成发电、输电、配电或进行其他生产的电气回路,称为一次回路或一次接线。

完成一次回路接线的操作步骤如下:

(1)把 RVV4×4 mm² 多芯线接到断路器进线端,电源线线号分别为 380L1、380L2、380L3;断路器出线接到隔离变压器原边侧,线号分别为 380L11、380L21、380L31;隔离变压器出线接到 32 A 的保险管底座,线号分别为 220L1、220L2、220L3。接线原理如图 2-8 所示。

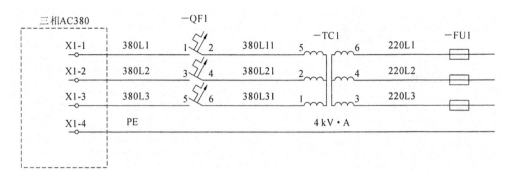

图 2-8　接线原理图(一)

(2)保险管底座的出线线号分别为 220L11、220L21、220L31,出线接到接触器的 1、3、5 主触点,接触器 2、4、6 主触点的出线接到端子片 X2-1、X2-5、X2-9 端子接线排上,线号分别为 220L13、220L23、220L33,此三相交流 220 V 电压主要为驱动器供电。接线原理如图 2-9 所示。

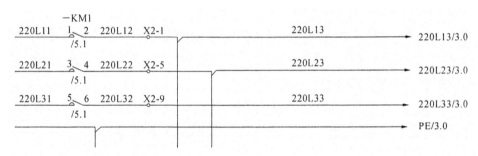

图 2-9　接线原理图(二)

(3)HSV-160U-020 总线伺服驱动器电源接线。端子排 X2-1 到 X2-4 的线号为 220L13,从中任意选取三个接线排接到 6 个伺服驱动器的电源 L1 端,J1、J2、J3、J4、J5、J6 轴驱动器的 L1 端的线号分别为 R1、R2、R3、R4、R5、R6。端子排 X2-5 到 X2-8 的线号为 220L23,从中任意选取三个接线排接到 6 个伺服驱动器的电源 L2 端,J1、J2、J3、J4、J5、J6 驱动器的 L2 端的线号分别为 S1、S2、S3、S4、S5、S6。端子排 X2-9 到 X2-12 的线号为 220L33,从中任意选取三个接线排接到 6 个伺服驱动器的电源 T 端,J1、J2、J3、J4、J5、J6 驱动器的 L3 端的线号分别为 T1、T2、T3、T4、T5、T6。

(4)开关电源的接线。从保险管底座的 220L11 和 220L21 侧分别做一根跳线接到开关电源 L、N 端子处,线号分别为 220L11、220L21。开关电源(24 V)负极直接接到端子排 X3-11,线号为 N24,开关电源(24 V)正极接到电源旋转开关的触点 3,电源旋转开关的触点 4 接到端子排 X3-1,线号为 P24。具体接线原理如图 2-10 所示。

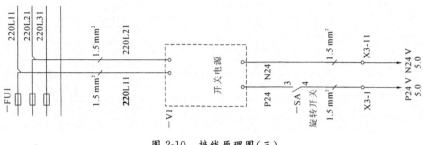

图 2-10　接线原理图（三）

二、二次回路

二次回路是指测量回路、继电保护回路、开关控制及信号回路、操作电源回路、断路器和隔离开关的电气闭锁回路等全部低压回路，以及由二次设备互相连接，构成对一次设备进行监测、控制、调节和保护的电气回路。它是在电气控制系统中由互感器的次级绕组、测量监视仪器、继电器、自动装置等通过控制电缆连成的电路。

完成二次回路接线的操作步骤如下：

（1）从 P24 端子排处接一根线到电源转换开关 SA 的端子 1 处，线号为 P24，从电源转换开关触点 2 接一根线到接触器线圈 A_1，线号为 0500。此处通过转换开关来控制接触器主触点是否闭合，进而控制伺服驱动器的主电源。

（2）从 P24 端子排处接一根线到电源转换开关的触点 7，线号为 P24，从电源转换开关触点 8 接一根线到电源指示灯的 X1，线号为 0501，电源指示灯的 X2 触点接 N24。具体接线原理如图 2-11 所示。

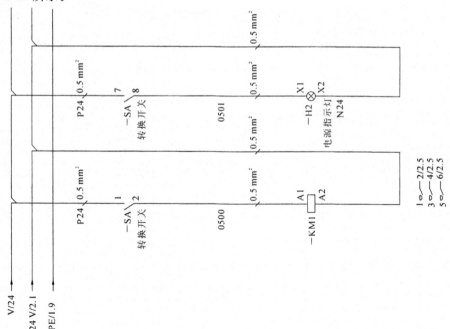

图 2-11　接线原理图（四）

（3）从 P24 端子排处接一根线到 IPC 控制器（24 V）端，线号为 0502，从 N24 端子排接一根线到 IPC 控制器 GND（0 V）端，线号为 0503。从 P24 端子排处接一根线到 I/O 模块（24 V），线号为 0504，从 N24 端子排接一根线到 I/O 模块 GND（0 V），线号为 0505。从 P24 端子排处接一根线到示教器（24V），线号为 0506，从 N24 端子排接一根线到示教器 GND（0 V），线号为 0507。具体接线原理如图 2-12 所示。

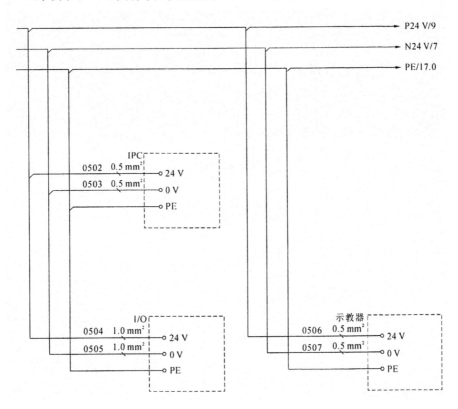

图 2-12 接线原理图（五）

三、电气安装接线图

电气安装接线图是按照电器元件的实际位置和实际接线绘制的，各电气元件的文字符号和编号与原理图一致，并按原理图的接线进行连接。为了方便维修和维护连接导线进行编号，常用的编号方法有压印机、线号管、手工书写法等。

一次回路线号的编写，三相交流电源自上而下编号为 L1、L2 和 L3，经电源开关后出线上依次编号为 U1、V1 和 W1，每经过一个电气元件的接线桩编号就要递增，如 U1、V1 和 W1 递增后为 U2、V2 和 W2。如果是多台电动机的编号，为了不引起混淆，可在字母的前面冠以数字来区分，如 1U、1V 和 1W，2U、2V 和 2W，1L1、1L2 和 1L3。二次回路线号的编写通常是从上至下、从左至右依次进行编写。每一个电气连接点有一个唯一的接线编号，编号可依次递增。例如,编号的起始数字,控制回路从阿拉伯数字"1"开始,其他辅助电路可依次递增为101、201……作为起始数字。例如,照明电路编号从101开始,信号电路从201开始。图2-13所示为常见的接线编号方式。

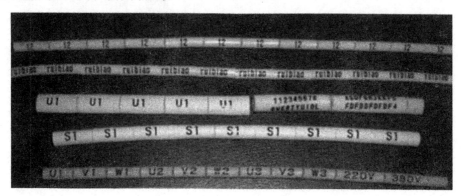

图2-13 接线编号方式

第三章　工业机器人及控制器的连接

本章介绍工业机器人与控制器的各部分名称及用途，以及机器人实用控制系统的构建和配线方法。

第一节　工业机器人各部分名称及用途

本节以三菱垂直型 6 轴机器人为例，说明机器人各部分的名称及用途。机器人各部分名称如图 3-1 所示。

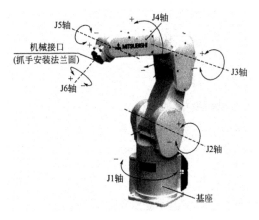

图 3-1　机器人各部分名称

1. 基座

基座是安装机器人的机械构件。基座的中心点就是机器人基本坐标系的原点。垂直型机器人可以落地式、吊顶式、壁挂式安装。

2. 各轴旋转方向

J1 轴、J2 轴、J3 轴、J4 轴、J5 轴、J6 轴各自在空间的旋转方向如图 3-1 所示。

3. 抓手安装法兰面

抓手安装法兰面在 J6 轴上，用于安装抓手。法兰面的中心就是 Tool 坐标系的原点。

第二节　控制器各部分接口名称及用途

在机器人系统中,机器人本体与控制器是分离的,就像数控机床中机床本体与控制器分离一样。本节以 CR751-D(独立型)控制器为例,说明控制器各接口的作用。如图3-2所示。

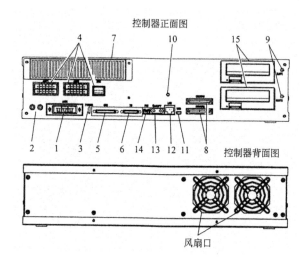

图 3-2　控制器接口示意图

CR751-D 控制器接口及其功能说明:

1—ACIN 连接器:AC 电源(单相,AC 200 V)输入用插口。

2—PE 端子:接地端子(M4 螺栓 2 处)。

3—POWER 指示灯:控制电源 ON/OFF 指示灯。

4—电机电源连接插口:AMP1、AMP2,电机电源用插口;BRK,电机制动器插口。

5—电机编码器连接插口:CN2,电机编码器插口。

6—示教单元连接插口(TB):R33TB 连接专用(未连接示教单元时安装假插头)。

7—过滤器盖板:空气过滤器、电池安装两用。

8—CNUSR 插口(CNUSR1、CNUSR2):机器人专用输入输出插口(附带插头)。

9—接地端子:接地端子(M3 螺栓,上下 2 处)。

10—充电指示灯(CRARGE):用于确认拆卸盖板时的安全时机(防止触电)指示灯(通常客户无需拆卸盖板)。当机器人的伺服 ON 使得控制器内的电源基板上积累电能时,本指示灯亮(红色)。关闭控制电源后经过一定时间(几分钟左右)后灯熄。

11—USB 插口:USB 连接用。

12—LAN 插口:以太网连接插口。

13—EXTOPT 插口:附加轴连接用插口。

14—RIO 插口:扩展输入输出模块用插口。

15—选购件插槽(SLOT1、SLOT2):选购件卡安装用插槽(未使用时安装盖板)。

第三节　工业机器人与控制器及外围设备连接

一、机器人与控制器连接

机器人本体与控制器的连接如图 3-3 所示。

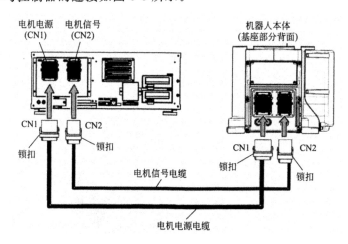

图 3-3　机器人本体与控制器的连接

机器人本体与控制器的连接主要是 2 条电缆连接。

(1)电源电缆:通过 CN1 口连接。

(2)编码器反馈电缆:通过 CN2 口连接。

二、机器人的接地

1. 接地方式

接地是一项很重要的工作,接地不良会导致烧毁机器、伤人或引起误动作,所以在机器人安装连接时务必接地。

(1)接地方式有如图 3-4 所示的 3 种方法,机器人本体及机器人控制器应尽量采用专用接地[图 3-4(a)]。

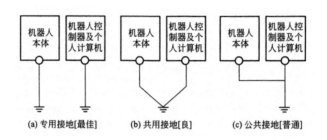

图 3-4　机器人的接地方式

（2）接地工程应采用 D 种接地（接地电阻 100 Ω 以下）。以与其他设备分开的专用接地为最佳。

（3）接地用的电线应使用 AWG♯11（4.2 mm²）以上的电线。接地点应尽量靠近机器人本体、控制器，以缩短接地用电线的距离。

2. 接地要领

机器人接地线的连接如图 3-5 所示。

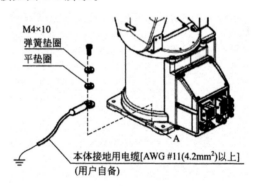

图 3-5　机器人接地的实际接线

（1）准备接地用电缆［AWG♯11（4.2 mm²）以上］及机器人侧的安装螺栓及垫圈。注意不要随意使用面积不够的电线，否则会对机器人系统造成损害。

（2）接地螺栓部位（A）有锈或油漆的情况下，应通过锉刀等去除。如果有油漆或锈蚀会引起接地不良，无法消除干扰信号甚至损坏机器。

（3）将接地电缆连接到接地螺栓部位。

三、机器人与外围设备连接

1. 控制器电源连接

电源电缆属于标配。根据机器人型号不同使用单相 220 V 电源或者使用三相 220 V 电源。需要使用一个能够提供三相 220 V 的变压器，变压器的容量应该是"控制器规格一览表"中要求的 1.2～1.5 倍。

请注意不能够直接使用工厂里的三相 380 V 电源,否则会立即烧毁控制器!

在主电源回路应该接入断路器。

2. 控制器与 GOT 的连接

通过以太网口连接。

3. 控制器与电脑的连接

可以通过以太网口连接,也可以通过 USB 口连接,实际使用中多通过 USB 口连接。

第四节　急停及安全信号

外部急停开关和门保护开关的接线如图 3-6 所示。

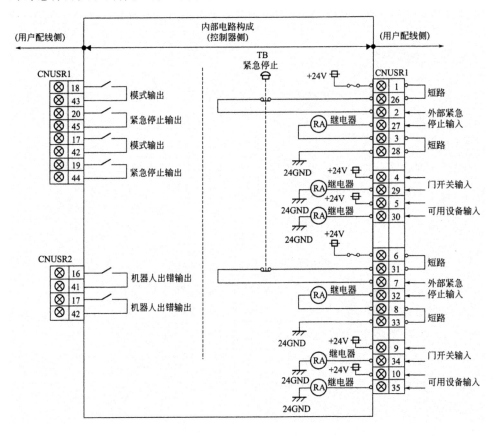

图 3-6　外部安全开关的配线

开关信号都接入 CNUSR1 接口。CNUSR1 接口是控制器标配接口(用专用电缆连接到端子排。电缆名称:MR-J2M-CN1TBL,端子排 MR-TB50),如图 3-7 所示。

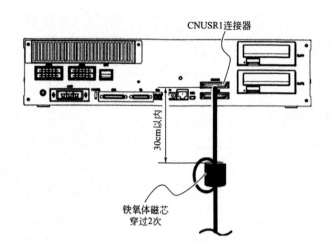

CNUSR1连接器

30cm以内

铁氧体磁芯
穿过2次

图 3-7　从控制器的 CNUSR1 接口引出的特别输入输出信号

一、外部急停开关

外部急停开关一般指安装在操作面板上的急停开关。当然急停开关可以安装在生产线的任何必要部位。外部急停开关采用 B 接点冗余配置，如图 3-7 所示。外部急停开关在 CNUSR1 插口引出电缆的"2-37"和"7-32"端子之间。

所谓冗余配置指在配线时必须使用双触点型急停开关，以保证即使在一个触点失效时，另外一个触点也能够切断急停回路。

二、门开关

门开关用于检测工作门的开启关闭状态。门开关采用 B 接点冗余配置。在正常状态下，门保护开关的功能是在设备的防护门被打开时使机器人伺服系统处于 OFF(停止)状态，停止动作起到安全保护作用。设备的门打开以后，机器人停止运行，以免出现伤人事故。门开关的功能是使伺服处于 ON/OFF(开/关)状态。

门开关在 CNUSR1 插口引出电缆的"4-29"和"9-34"端子之间。

所谓冗余配置指在配线时必须使用双触点型开关，以保证即使在一个触点失效时，另外一个触点也能够切断门开关回路。

门保护开关必须为常闭型。门打开时，门保护开关处于 OFF 状态。

门保护开关自动运行时：门打开—伺服停止—报警。

解除门保护开关时：关门—复位—伺服 ON 启动。

三、安全辅助(可用设备)开关

安全辅助开关功能：对示教作业进行保护。如果在示教作业中出现异常，按下安全辅助开关,能够使伺服处于 OFF 状态,停止机器人运动。安全辅助开关采用 B 接点冗余配置。安全辅助开关在 CNUSR1 插口引出电缆的"5-30"和"10-35"端子之间,也是冗余配置。如图 3-8 所示。

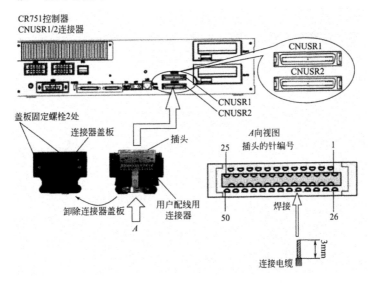

图 3-8　从控制器的 CNUSR1 和 CNUSR2 接口引出插头的线号分布

四、跳跃信号(SKIP)

SKIP 信号是跳跃信号,当 SKIP 为 ON 时,则立即停止执行当前程序行,跳到"指定的程序行"。SKIP 信号端子在 CNUSR2 口的"9-34"。SKIP 信号的接法如表 3-1 所示。

表 3-1　SKIP 信号的接法

项　目		规　格	内部电路
形式		DC 输入	
输入点数		1	
绝缘方式		光电耦合器绝缘	
额定输入电压		DC 24 V	
额定输入电流		约 11 mA	
使用电压范围		DC 21.6～24.6 V(波动率 5% 以内)	
ON 电压/ON 电流		DC 8 V 以上/2 mA 以上	
OFF 电压/OFF 电流		DC 4 V 以下/1 mA 以下	
输入电阻		约 2.2 kΩ	
响应时间	OFF→ON	1 ms 以下	
	ON→OFF	1 ms 以下	
公共端方式		1 点 1 个公共端	
外线连接方式		连接器	

第五节 模式选择信号

工作模式选择是指选择机器人的工作模式。机器人的工作模式有自动模式和手动模式。

一、自动模式

通过(操作面板上的)外部信号控制程序启动或停止。要将操作权信号切换为外部信号有效。

二、手动模式

通过示教单元的 JOG 模式操作机器人动作。

工作模式选择的信号标配在 CNUSR1 接口的规定信号端子"49-24""50-25",如图 3-9及表 3-2 所示(源型接法,24 V 电源由控制器提供)。

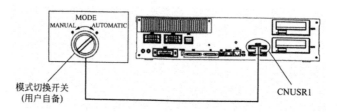

图 3-9　模式选择开关的电缆插口

表 3-2　模式选择开关的针脚编号

针脚编号和功能(连接器:CNUSR1)		切换模式一	
针脚编号	功 能	MANUAL	AUTOMATIC
49	按键输入第 1 系统	断开	闭合
24	按键输入第 1 系统的电源＋24 V		
50	按键输入第 2 系统	断开	闭合
25	按键输入第 2 系统的电源＋24 V		

第六节　I/O 信号的连接及功能定义

一、概述

除了控制器标配的(CNUSR1/CNUSR2)输入输出信号(有急停信号、安全信号、模式选择信号)之外,为了实现更多的控制功能,包括对外部设备的控制和信号检测,实用的机器人系统需要使用更多的 I/O 信号。机器人系统可以扩展的外部 I/O 信号为 256/256 点。扩展外部 I/O 信号的方法可以通过配置 I/O 模块和 I/O 接口板来实现。

二、实用板卡配置

机器人系统配置的外部 I/O 模块有板卡型和模块型两种。

1.板卡型

(1)板卡型 2D-TZ368、2D-TZ378 可直接插接在控制器的 SLOT1、SLOT2 的插口(32 点输入、32 点输出)。

(2)板卡必须有对应的站号。这与一般控制系统相同,只有设置站号,才能分配确定I/O地址。使用板卡型 I/O 时,站号根据插入的 SLOT 确定。

SLOT1=站号 1,SLOT2=站号 2。

2.模块型

模块型输入输出单元配置有外壳,相对独立。通过专用电缆与控制器连接。

三、板卡型 2D-TZ368(漏型)的输入输出电路技术规格

1.输入电路技术规格

输入电路技术规格如表 3-3 所示。

(1)输入电压:DC 12～24 V。

(2)输入点数:32 点。

(3)公共端方式:32 点共一个公共端。

表 3-3 输入信号的漏型接法

项 目	规 格		内部电路
形式	DC 输入		
输入点数	32		
绝缘方式	光电耦合器绝缘		
额定输入电压	DC 12 V	DC 24 V	
额定输入电流	约 3 mA	约 9 mA	
使用电压范围	DC 10.2～26.4 V(波动率 5% 以内)		
ON 电压/ON 电流	DC 8 V 以上/2 mA 以上		
OFF 电压/OFF 电流	DC 4 V 以下/1 mA 以下		
输入电阻	约 2.7 kΩ		

续表

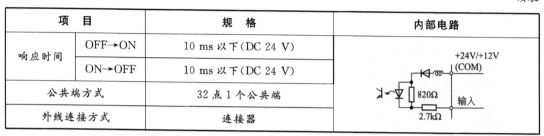

项 目		规 格	内部电路
响应时间	OFF→ON	10 ms 以下(DC 24 V)	
	ON→OFF	10 ms 以下(DC 24 V)	
公共端方式		32 点 1 个公共端	
外线连接方式		连接器	

所谓"公共端 COM"是指板卡本身这些输入点的"公共端"。一个板卡上有 32 个输入点,这些输入点的接法一样,所以就有一个公共接点(漏型,共 DC 24 V。在一个回路中,输入模块的"点"视为"负载")。

(4)漏型/源型接法:开关点与电源正极相连即为源型接法。开关点与电源负极相连即为漏型接法。

2. 输出电路技术规格

输出电路技术规格如表 3-4 所示。

(1)输出形式:晶体管输出。DC 24 V 电源由外部提供,DC 12～24 V。

(2)输出点数:32 点。

(3)公共端方式:16 点共一个公共端。

表 3-4 输出信号的漏型接法

项 目		规 格	内部电路
形式		晶体管输出	
输出点数		32	
绝缘方式		光电耦合器绝缘	
额定负载电压		DC 12 V/DC 24 V	
额定负载电压范围		DC 10.2～30 V(峰值电压 DC 30 V)	
最大负载电流		0.1 A/1 点(100%)	
OFF 时泄漏电流		0.1 mA 以下	
ON 时最大电压降		DC 0.9 V(TYP)	
响应时间	OFF→ON	10 ms 以下(电阻负载)(硬件响应时间)	
	ON→OFF	10 ms 以下(电阻负载)(硬件响应时间)	
额定保险丝		保险丝 1.6 A(1 个公共端 1 个) 可更换预备保险丝(最多 3 个)	
公共端方式		16 点 1 个公共端(公共端子:2 点)	
外线连接方式		连接器	
外部供应电源	电压	DC 12/24 V(DC 10.2～30 V)	
	电流	60 mA(TVP. DC 24 V 每 1 个公共端)(基座驱动电流)	

3. I/O 卡 2D-TZ368 与 PLC 输入输出模块的连接

图 3-10 所示为 2D-TZ368 与 PLC 输入输出模块的连接图。其中 QX41 是 PLC 输入模块。QY81P 是 PLC 输出模块。2D-TZ368 与 PLC 输入输出模块的连接为漏型接法,接法如下。

(1)漏型输出电路:在图 3-10 中,由外部 DC 24 V 电源给输出部分的三极管提供工作电源。所以必须在规定的点接入外部 DC 24 V 电源。在电源—开关—负载回路中,其电流流向是 DC 24 V—负载(QX41)—集电极(TZ368)—发射极(DC 0 V)。

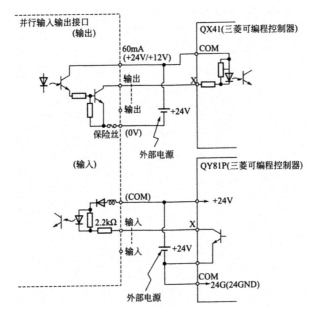

图 3-10　2D-TZ368 与 PLC 输入输出模块的连接图

(2)漏型输入电路:其流向是 DC 24 V—负载(TZ368)—集电极(QY81P)—发射极(DC 0 V)。

在一个标准回路中,输出模块的每一点相当于一个开关。一个板卡上有 32 个输出点,这些输出点的接法一样,所以也有一个公共接点 COM(漏型共 DC 0 V)。

如果三极管的发射极接 DC 0 V,则集电极接负载,这就是所谓集电极开路,其公共端就是 DC 0 V。

四、板卡型 2D-TZ378(源型)的输入输出电路技术规格

1. 输入电路技术规格

输入电路技术规格如表 3-5 所示。

(1)输入电压:DC 12～24 V。

(2)输入点数:32 点。

(3)公共端方式:32 点共一个公共端。

表 3-5　输入电路技术规格

项　目		规　格		内部电路
形　式		DC 输入		
输入点数		32		
绝缘方式		光电耦合器绝缘		
额定输入电压		DC 12 V	DC 24 V	
额定输入电流		约 3 mA	约 9 mA	
使用电压范围		DC 10.2～26.4 V(波动率 5％以内)		
ON 电压/ON 电流		DC 8 V 以上/2 mA 以上		
OFF 电压/OFF 电流		DC 4 V 以下/1 mA 以下		
输入电阻		约 2.7 kΩ		
响应时间	OFF→ON	10 ms 以下(DC 24 V)		
	ON→OFF	10 ms 以下(DC 24 V)		
公共端方式		32 点 1 个公共端		
外线连接方式		连接器		

2. 输出电路技术规格

输出电路技术规格如表 3-6 所示。

表 3-6　输出电路技术规格

项　目		规　格		内部电路
形　式		晶体管输出		
输出点数		32		
绝缘方式		光电耦合器绝缘		
额定负载电压		DC 12 V/DC 24 V		
额定负载电压范围		DC 10.2～30 V(峰值电压 DC 30 V)		
最大负载电流		0.1 A/1 点(100％)		
OFF 时泄漏电流		0.1 mA 以下		
ON 时最大电压降		DC 0.9 V(TYP)		
响应时间	OFF→ON	10 ms 以下(电阻负载)(硬件响应时间)		
	ON→OFF	10 ms 以下(电阻负载)(硬件响应时间)		
额定保险丝		保险丝 1.6 A(1 个公共端 1 个)可更换 预备保险丝(最多 3 个)		
公共端方式		16 点 1 个公共端(公共端子:2 点)		
外线连接方式		连接器		
外部供应 电源	电压	DC 12/24 V(DC 10.2～30 V)		
	电流	60 mA(TVP.DC 24 V 每 1 个公共端) (基座驱动电流)		

(1)输出形式:晶体管输出,DC 24 V 电源由外部提供,DC 12～24 V。

(2)输出点数:32 点。

(3)公共端方式:16 点共一个公共端。

3. I/O 卡 2D-TZ378 与 PLC 输入输出模块的连接

图 3-11 所示为 2D-TZ378 与 PLC 输入输出模块的连接图。其中 QX81 是 PLC 输出模块,QY81P 是 PLC 输入模块。

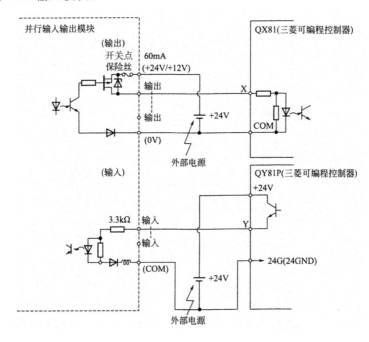

图 3-11　2D-TZ378 与 PLC 输入输出模块的连接图

2D-TZ378 与 PLC 输入输出模块的连接为源型接法,接法如下。

(1)源型输出电路:在图 3-11 中,由外部 DC 24 V 电源给输出部分的三极管提供工作电源。所以必须在规定的点接入外部 DC 24 V 电源。在电源—开关—负载回路中,电流的流向是 DC 24 V—开关点(TZ378)—负载(QX81)—(DC 0 V)。

(2)源型输入电路:其流向是 DC 24 V—开关点(QY81P)—负载(TZ378)—COM(DC 0 V)。

在实际布线中必须严格分清漏型、源型接法,接错会烧毁 I/O 板。

五、硬件的插口与针脚定义

I/O 卡 2D-TZ368 插入安装在控制器的 SLOT1/SLOT2 插口中,由连接电缆引出。其针脚分布如图 3-12、表 3-7 所示。现场连接时,注意电缆颜色与针脚的关系,如表 3-8、表 3-9 所示。如图 3-13 所示为各输入端子的连接方法。

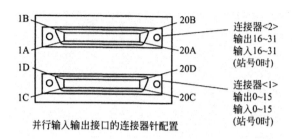

并行输入输出接口的连接器针配置

图 3-12 输入输出卡的硬插口

表 3-7 在各硬插口内输入输出信号的范围

插槽编号	站号	通用输入输出编号范围	
		连接器<1>	连接器<2>
SLOT1	0	输入:0～15 输出:0～15	输入:16～31 输出:16～31
SLOT2	1	输入:32～47 输出:32～47	输入:48～63 输出:48～63

表 3-8 插口 1 输入输出信号的针脚与电线颜色的关系

针编号	线色	功能名		针编号	线色	功能名	
		信号名	电源·公共端			信号名	电源·公共端
1C	橙红 a		0 V;5D～20D 针用	1D	橙黑 a		12V/24V;5D～20D
2C	灰红 a		COM;5C～20C 针用	2D	灰黑 a		针用
3C	白红 a		空余	3D	白黑 a		空余
4C	黄红 a		空余	4D	黄黑 a		空余
5C	桃红 a	通用输入 15		5D	桃黑 a	通用输出 15	空余
6C	橙红 b	通用输入 14		6D	橙黑 b	通用输出 14	
7C	灰红 b	通用输入 13		7D	灰黑 b	通用输出 13	
8C	白红 b	通用输入 12		8D	白黑 b	通用输出 12	
9C	黄红 b	通用输入 11		9D	黄黑 b	通用输出 11	
10C	桃红 b	通用输入 10		10D	桃黑 b	通用输出 10	
11C	橙红 c	通用输入 9		11D	橙黑 c	通用输出 9	
12C	灰红 c	通用输入 8		12D	灰黑 c	通用输出 8	
13C	白红 c	通用输入 7		13D	白黑 c	通用输出 7	
14C	黄红 c	通用输入 6		14D	黄黑 c	通用输出 6	
15C	桃红 c	通用输入 5	操作权输入信号	15D	桃黑 c	通用输出 5	
16C	橙红 d	通用输入 4	伺服 ON 输入信号	16D	橙黑 d	通用输出 4	
17C	灰红 d	通用输入 3	启动输入	17D	灰黑 d	通用输出 3	操作权输出信号
18C	白红 d	通用输入 2	出错复位输入信号	18D	白黑 d	通用输出 2	出错发生中输出信号
19C	黄红 d	通用输入 1	伺服 OFF 输入信号	19D	黄黑 d	通用输出 1	伺服 ON 输出信号
20C	桃红 d	通用输入 0	停止输入	20D	桃黑 d	通用输出 0	运行中输出

表 3-9 插口 2 输入输出信号的针脚与电线颜色的关系

针编号	线色	功能名		针编号	线色	功能名	
		信号名	电源·公共端			信号名	电源·公共端
1A	橙红 a		0 V;5B~20B 针用	1B	橙黑 a		12V/24V;5B~20B 针用
2A	灰红 a		COM;5A~20A 针用	2B	灰黑 a		空余
3A	白红 a		空余	3B	白黑 a		空余
4A	黄红 a		空余	4B	黄黑 a		空余
5A	桃红 a	通用输入 31		5B	桃黑 a	通用输出 31	
6A	橙红 b	通用输入 30		6B	橙黑 b	通用输出 30	
7A	灰红 b	通用输入 29		7B	灰黑 b	通用输出 29	
8A	白红 b	通用输入 28		8B	白黑 b	通用输出 28	
9A	黄红 b	通用输入 27		9B	黄黑 b	通用输出 27	
10A	桃红 b	通用输入 26		10B	桃黑 b	通用输出 26	
11A	橙红 c	通用输入 25		11B	橙黑 c	通用输出 25	
12A	灰红 c	通用输入 24		12B	灰黑 c	通用输出 24	
13A	白红 c	通用输入 23		13B	白黑 c	通用输出 23	
14A	黄红 c	通用输入 22		14B	黄黑 c	通用输出 22	
15A	桃红 c	通用输入 21		15B	桃黑 c	通用输出 21	
16A	橙红 d	通用输入 20		16B	橙黑 d	通用输出 20	
17A	灰红 d	通用输入 19		17B	灰黑 d	通用输出 19	
18A	白红 d	通用输入 18		18B	白黑 d	通用输出 18	
19C	黄红 d	通用输入 17		19B	黄黑 d	通用输出 17	
20A	桃红 d	通用输入 16		20B	桃黑 d	通用输出 16	

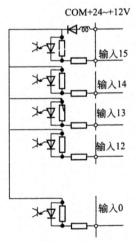

图 3-13 各输入端子的连接方法

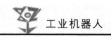
六、输入输出模块 2A-RZ361

输入输出模块 2A-RZ361 有外壳,类似于较为独立的模块。每一模块和板卡都必须设置"站号"。这与一般控制系统相同,只有设置站号,才能分配确定 I/O 地址。

第七节　实用工业机器人控制系统的构建

一套实用机器人控制系统的构建如图 3-14 所示。

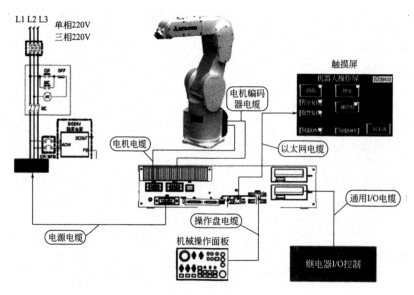

图 3-14　实用机器人控制系统的构建

一、主回路电源系统

1.电源等级

在主回路系统中必须特别注意:机器人使用的电源为单相 220 V 或三相 220 V,不是工厂现场使用的三相 380 V。要根据机器人的型号确定其电源等级。

使用三相 220 V 电源时,需要专门配置三相 220 V 变压器。

2.主要安全保护元件

在主回路中应该配置无熔丝断路器、接触器。

3.专用电缆

在机器人控制器一侧,有专用的电源插口。出厂时配置有电源电缆,如果电缆长度不够,用户可以将电缆加长。

4. 控制电源

在主回路中再接入一控制变压器。使控制器提供 DC 24 V 直流电源,可以供操作面板和外围 I/O 电路使用。

二、控制器与机器人本体连接

伺服电机的电源电缆和伺服电机编码器的电缆是机器人的标配电缆。注意 CN1 口是电机电源电缆插口,CN2 口是电机编码器电缆插口。

三、操作面板与控制器的连接

操作面板由用户自制。至少包括以下按钮:电源 ON、电源 OFF、急停、工作模式选择(选择型开关)、伺服 ON、伺服 OFF、操作权、自动启动、自动停止、程序复位、程序号设置(波段选择开关)、程序号确认。

这些信号来自于控制器的不同插口,见表 3-10。

表 3-10　工作信号及其插口

序　号	按钮名称	对应插口
1	电源 ON	主回路控制电路
2	电源 OFF	主回路控制电路
3	急停	控制器 CNUSR1 插口
4	工作模式选择	控制器 CNUSR1 插口
5	伺服 ON	
6	伺服 OFF	
7	操作权	
8	自动启动	SLOT1 中 I/O 板 2D-TZ368
9	自动停止	
10	程序复位	
11	程序号选择	
12	程序号确认	

在配线时要分清强电、弱电(电源等级),分清是源型接法还是漏型接法。如果接法错误会烧毁设备。

四、外围检测开关和输出信号

SLOT1 中 I/O 板 2D-TZ368 是输入输出信号接口板,共有输入信号 32 点,输出信号 32

点,可以满足一般控制系统的需要。外围检测开关如位置开关和各种显示灯信号全部可以接入 2D-TZ368 接口板中。注意 2D-TZ368 输入输出都是漏型接法。需要提供外部 DC 24 V 电源。

由于在主回路中有控制变压器,可以使用控制变压器提供的 DC 24 V 电源。

五、触摸屏与控制器的连接

触摸屏与控制器的连接直接使用以太网电缆连接,如图 3-15 所示。

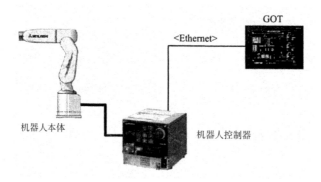

图 3-15 触摸屏与机器人控制器的连接

使用"GT 3"软件,在图 3-16 中,选择 GS 系列 GOT。GS 系列 GOT 是最经济型的 GOT。

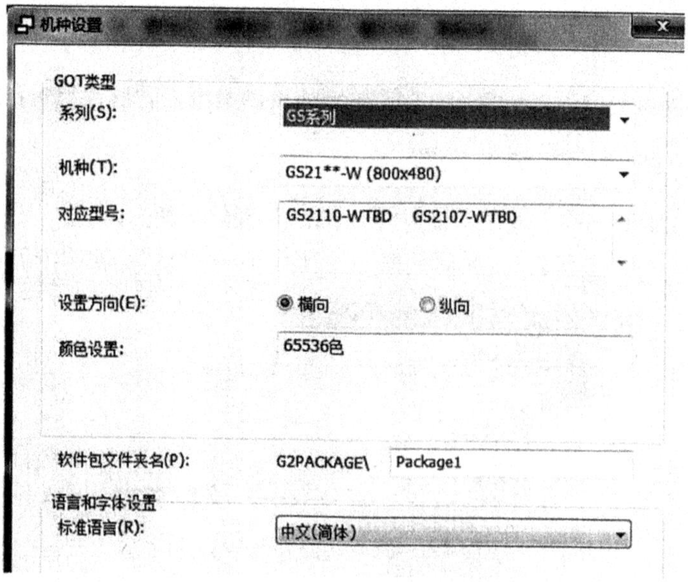

图 3-16 GOT 类型型号及语言设置

图 3-17 所示为 GOT 自动默认的"以太网"通信参数。

图 3-18 所示为从 GOT 软件对机器人一侧"以太网"通信参数的设置。请按照图中"以太网设置"进行参数设置（注意这是在 GOT 软件上的设置）。

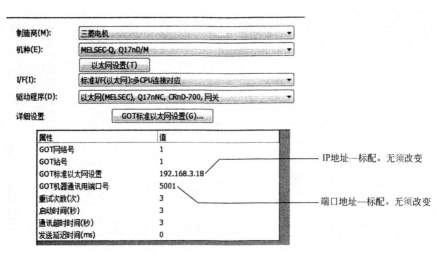

图 3-17　GOT 自动默认的"以太网"通信参数

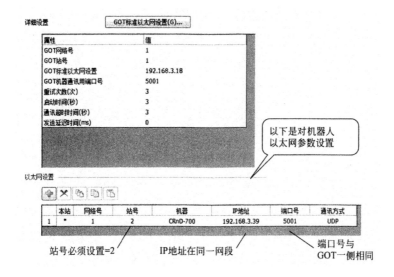

图 3-18　从 GOT 软件对机器人一侧"以太网"通信参数的设置

第四章　工业机器人指令信号与反馈信号电路

第一节　NCUC 总线

现场总线,指安装在制造区域的现场装置与控制室内自动装置之间的数字式、串行、多点通信的数据总线,通过分时复用的方式,将信息以一个或多个源部件传送到一个或多个目的部件的传输线,是通信系统中传输数据的公共通道。

总线(Bus)是计算机各种功能部件之间传送信息的公共通信干线,它是由导线组成的传输线束,按照计算机所传输的信息种类,计算机的总线可以划分为数据总线、地址总线和控制总线,分别用来传输数据、数据地址和控制信号。总线是一种内部结构,它是 CPU、内存、输入/输出设备传递信息的公用通道,主机的各个部件通过总线相连接,外部设备通过相应的接口电路再与总线相连接,从而形成了计算机硬件系统。在计算机硬件系统中,各个部件之间传送信息的公共通路叫总线,微型计算机是以总线结构来连接各个功能部件的。

2008 年 2 月,成立了由华中数控股份有限公司、大连光洋科技集团有限公司、沈阳高精智能技术股份有限公司、广州数控设备有限公司、浙江中控技术股份有限公司组成的数控系统现场总线技术联盟(NC Union of China Field Bus,简称 NCUC-Bus),设立了 NCUC-Bus 协议规范的标准工作组,形成了协议的草案,经标准审查委员会审查之后,最终确立了 NCUC-Bus 现场总线协议规范的总则,以及物理层、数据链路层、应用层规范和服务。

基于 NCUC-Bus 的总线式伺服及主轴驱动采用统一的编码器接口,支持 BISS、HIPERFACE、ENDAT2.1/2.2、多摩川等串行绝对值编码器通信传输协议。板卡上带有光纤接口,可以通过光纤连接至总线上,实现基于 NCUC-Bus 协议的数据交互。采用 PHY＋FPGA 的硬件结构,整个协议的处理都在 FPGA 中实现,并通过主从总线访问控制方式实现各站点的有序通信。NCUC-Bus 采用动态"飞读飞写"的方式实现数据的上传和下载,实现了通信的实时性要求;通过延时测量和计算时间戳的方法,实现了通信的同步性要求;同时,采用重发和双环路的数据冗余机制及 CRC 校验的差错检测机制,保障了通信的可靠性要求。

机床数控系统现场总线 NCUC-Bus 是一种数字化、串行网络的数据总线,用于机床数控系统各组成部分互连通信。NCUC-Bus 具有以下特点:

(1)与以太网兼容。

(2)支持环形和线性网络。

(3)通信速率最高可达 100 Mbit/s。

(4)挂接设备最多可达 255 个。

(5)支持 5 类双绞线传输和光纤传输方式。

NCUC 总线连接端子如图 4-1 所示。

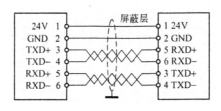

图 4-1　NCUC 总线连接端子

为了保证 NCUC-Bus 网络传输接口的可靠性,对采用电信号互联的 NCUC-Bus 连接端子作如下要求:

(1)NCUC-Bus 连接端子由端子插头及端子插座两部分组成,NCUC-Bus 连接端子插座及插头之间的金属触点,通过物理插接的接触方式互联。

(2)NCUC-Bus 连接端子在插座应有标志。

(3)NCUC-Bus 连接端子插座及插头需采用符合 IP54 防护等级要求的连接插件。

(4)NCUC-Bus 物理连接端子插头及插座之间必须具备额外的连接固定装置,固定装置必须在完全解锁后才允许端子插头与插座之间的金属触点分离。

(5)NCUC-Bus 连接端子插头与插座之间的金属触点必须采用接触面连接方式。

(6)NCUC-Bus 连接端子至少需要同时提供 RXD＋、RXD－、TXD＋、TXD－、GND 5 路信号连接。

(7)NCUC-Bus 连接端子中 RXD＋、RXD－必须定义在相邻的引脚上。

(8)NCUC-Bus 连接端子中 TXD＋、TXD－必须定义在相邻的引脚上。

一、NCUC 总线接口的引脚定义

在华数工业机器人控制系统中,各个智能器件之间的通信工作采用的是 NCUC 总线方式,在每个运算单元上都有相应的总线接口。

1. IPC 控制器上的总线接口

图 4-2 所示为 IPC 控制器上的总线接口。PORT0～PORT3 为 NCUC 总线接口。LAN接口用于连接示教器。

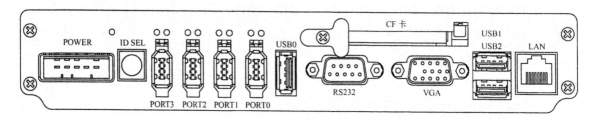

图 4-2　IPC 控制器上的总线接口

2. PLC 通信模块上的 NCUC 总线接口

图 4-3 所示为 PLC 通信模块上的 NCUC 总线接口。X2A 与 X2B 为 PLC 通信模块上的总线接口。

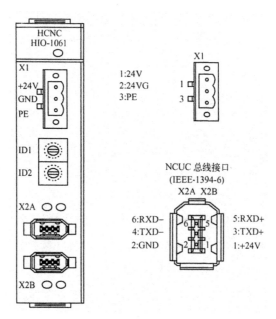

图 4-3　PLC 通信模块上的 NCUC 总线接口

3. 伺服驱动器上的 NCUC 总线接口

图 4-4 所示为伺服驱动器上的 NCUC 总线接口。XS2/XS3 为伺服驱动器上 NCUC 的总线接口,XS2 接口为总线进口,XS3 接口为总线出口。

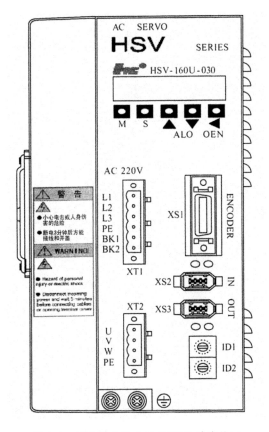

图 4-4　伺服驱动器上的 NCUC 总线接口

二、NCUC 总线的链接方法

NCUC 总线采用环状拓扑结构、串行的连接方式,以 IPC 单元作为总线上的主站,PLC 单元和伺服驱动器作为总线上的从站,总线连接示意图如图 4-5 所示。连接的过程就是从主站的 PORT0 接口开始依次向下连接各个从站,从站的接口分为进口和出口,按照串联的方式依次连接,最后一个器件的出口连接到主站的 PORT3 接口上,这样就完成了 NCUC 总线的连接。

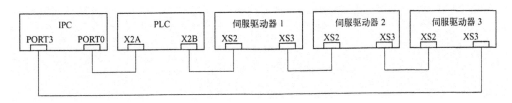

图 4-5　NCUC 总线连接示意图

第二节　伺服驱动器反馈接口

伺服驱动器上的 XS1 为电动机编码器反馈信号输入接口,这一信号既作为电动机的速度与方向的反馈信号,又作为电动机机轴的位置反馈信号。该接口支持多种传输协议,包括 ENDAT2.1 协议的绝对式编码器、BISS 协议的绝对式编码器、TAMAGAWA 绝对式编码器等。伺服驱动器反馈接口的引脚分配图如图 4-6 所示。

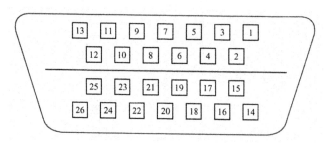

图 4-6　伺服驱动器反馈接口的引脚分配图

XS1 电动机编码器输入接口引脚定义如表 4-1～表 4-3 所示。

表 4-1　伺服驱动器连接复合式光电编码器

端子序号	端子线号	I/O	信号名称	功　能
1	A＋/SINA＋	I	编码器 A＋输入	与伺服电动机光电编码器 A＋相连接
2	A－/SINA－	I	编码器 A－输入	与伺服电动机光电编码器 A－相连接
3	B＋/COSB＋	I	编码器 B＋输入	与伺服电动机光电编码器 B＋相连接
4	B－/COSB－	I	编码器 B－输入	与伺服电动机光电编码器 B－相连接
5	Z＋	I	编码器 Z＋输入	与伺服电动机光电编码器 Z＋相连接
6	Z－	I	编码器 Z－输入	与伺服电动机光电编码器 Z－相连接
7	U＋/DATA＋	I	编码器 U＋输入	与伺服电动机光电编码器 U＋相连接
8	U－/DATA－	I	编码器 U－输入	与伺服电动机光电编码器 U－相连接
9	V＋/CLOCK＋	I	编码器 V＋输入	与伺服电动机光电编码器 V＋相连接
10	V－/CLOCK－	I	编码器 V－输入	与伺服电动机光电编码器 V－相连接
11	W＋	I	编码器 W＋输入	与伺服电动机光电编码器 W＋相连接
12	W－	I	编码器 W－输入	与伺服电动机光电编码器 W－相连接
13、26	保留			
16、17、18、19	＋5 V	O	输出＋5 V	1.为所接光电编码器提供＋5 V 电源 2.当电缆长度较长时,应使用多根芯线并联

端子序号	端子线号	I/O	信号名称	功　能
23、24、25	GND	O	信号地	1. 与伺服电动机光电编码器的 0 V 信号相连接 2. 当电缆长度较长时,应使用多根芯线并联
20、22	保留			
21	保留			
14、15	PE	O	屏蔽信号	与伺服电动机光电编码器的 PE 信号相连接

表 4-2　伺服驱动器连接 ENDAT2.1 协议的绝对式编码器

端子序号	端子线号	I/O	信号名称	功　能
1	A+/SINA+	I	编码器 A＋输入	与伺服电动机 ENDAT2.1 协议的绝对式编码器的 SINA＋相连接
2	A－/SINA－	I	编码器 A－输入	与伺服电动机 ENDAT2.1 协议的绝对式编码器的 SINA－相连接
3	B+/COSB+	I	编码器 B＋输入	与伺服电动机 ENDAT2.1 协议的绝对式编码器的 COSB＋相连接
4	B－/COSB－	I	编码器 B－输入	与伺服电动机 ENDAT2.1 协议的绝对式编码器的 COSB－相连接
5、6	保留			
7	U+/DATA+	I/O	编码器 DATA＋输入	与伺服电动机 ENDAT2.1 协议的绝对式编码器的 DATA＋相连接
8	U－/DATA－	I/O	编码器 DATA－输入	与伺服电动机 ENDAT2.1 协议的绝对式编码器的 DATA－相连接
9	V+/CLOCK+	O	编码器 V＋输入	与伺服电动机 ENDAT2.1 协议的绝对式编码器的 CLOCK＋相连接
10	V－/CLOCK－	O	编码器 V－输入	与伺服电动机 ENDAT2.1 协议的绝对式编码器的 CLOCK－相连接
11、12	保留			
13、26	保留			
16、17、18、19	+5 V	O	输出＋5 V	1. 为所接的 ENDA2.1 协议的绝对式编码器提供＋5 V 电源 2. 当电缆长度较长时,应使用多根芯线并联
23、24、25	GND	O	信号地	1. 与伺服电动机 ENDAT2.1 协议的绝对式编码器的 0 V 信号相连接 2. 当电缆长度较长时,应使用多根芯线并联
20、22	保留			
21	保留			
14、15	PE	O	屏蔽信号	与伺服电动机 ENDAT2.1 协议的绝对式编码器的 PE 信号相连接

表 4-3 伺服驱动器连接 TAMAGAWA 绝对式编码器

端子序号	端子线号	I/O	信号名称	功　能
1、2	保留	I		
3、4	保留	I		
5、6	保留	I		
7	U+/DATA+	I	编码器 DATA+	与伺服电动机 TAMAGAWA 绝对式编码器的 DATA+信号相连接
8	U−/DATA−	I	编码器 DATA−	与伺服电动机 TAMAGAWA 绝对式编码器的 DATA−信号相连接
9、10、11、12	保留	O		
13、26	保留			
16、17、18、19	+5 V	O		1.为所接的 TAMAGAWA 绝对式编码器提供+5 V 电源 2.当电缆长度较长时,使用多根芯线并联
23、24、25	GND		信号地	1.与伺服电动机 TAMAGAWA 绝对式编码器的 0 V 信号相连接 2.当电缆长度较长时,应使用多根芯线并联
20、21、22	保留			
14、15	PE	O	屏蔽层	与伺服电动机 TAMAGAWA 绝对式编码器的 PE 信号相连接

第三节　工业机器人位置检测元件的要求及分类

工业机器人位置检测元件的要求及分类如下。

位置检测元件是闭环(半闭环、闭环、混合闭环)进给伺服系统中重要的组成部分,它检测伺服电动机转子的角位移和速度,将信号反馈到伺服驱动装置或 IPC 单元,与预先给定的理想值相比较,得到的差值用于实现位置闭环控制和速度闭环控制。位置检测元件通常利用光或磁的原理完成位置或速度的检测。

位置检测元件的精度一般用分辨率表示,它是检测元件所能正确检测的最小数量单位,它由位置检测元件本身的品质及测量电路决定。在工业机器人位置检测接口电路中常对反馈信号进行倍频处理,以进一步提高测量精度。

位置检测元件一般也可以用于速度测量。位置检测和速度检测可以采用各自独立的检测元件,如速度检测采用测速发电机,位置检测采用光电编码器;也可以公用一个检测元件,如都用光电编码器。

一、对位置检测元件的要求

(1)寿命长,可靠性高,抗干扰能力强。

(2)满足精度、速度和测量范围的要求。分辨率通常要求为 0.001~0.01 mm 或更小,移动速度达到每分钟数十米,旋转速度达到 2 500r/min 以上。

(3)使用维护方便,适合机床的工作环境。

(4)易于实现高速的动态测量和处理,易于实现自动化。

(5)成本低。

不同类型的工业机器人对位置检测元件的精度与速度的要求不同。一般来说,要求位置检测元件的分辨率比运动精度高一个数量级。

二、位置检测元件的分类

1. 直接测量和间接测量

测量传感器按形状可分为直线形和回转形。若测量传感器所测量的指标就是所要求的指标,即直线形传感器测量直线位移,回转形传感器测量角位移,则该测量方式为直接测量。典型的直接测量装置有光栅等。若回转形传感器测量的角位移只是中间量,由它再推算出与之对应的工作台直线位移,那么该测量方式为间接测量,其测量精度取决于测量装置和机床传动链的精度。典型的间接测量装置有光电式脉冲编码器、旋转变压器。

2. 增量式测量和绝对式测量

按测量装置编码方式可分为增量式测量和绝对式测量。增量式测量的特点是只测量位移增量,即工作台每移动一个基本长度单位,测量装置便发出一个测量信号,此信号通常是脉冲形式。典型的增量式测量装置为光栅和增量式光电编码器。

绝对式测量的特点是被测的任一点的位置相对于一个固定的零点来说都有一个对应的测量值,常以数据形式表示。典型的绝对式测量装置为接触式编码器和绝对式光电编码器。

3. 接触式测量和非接触式测量

接触式测量的测量传感器与被测对象间存在机械联系,因此机床本身的变形、振动等因素会对测量产生一定的影响。典型的接触式测量装置有光栅、接触式编码器。

非接触式测量传感器与测量对象是分离的,不发生机械联系。典型的非接触式测量装置有双频激光干涉仪、光电编码器。

4. 数字式测量和模拟式测量

数字式测量以量化后的数字形式表示被测的量。数字式测量的特点是测量装置简单,信号抗干扰能力强,且便于显示处理。典型的数字式测量装置有光电编码器、接触式编码器、光栅等。

模拟式测量是被测的量用连续的变量表示,如用电压、相位的变化来表示。典型的模拟式测量装置有旋转变压器等。

第四节　光电式编码器的结构与作用

一、增量式光电编码器

光电编码器利用光电原理把机械角位移变换成电脉冲信号,它是最常用的位置检测元件。光电编码器按输出信号与对应位置的关系,通常分为增量式光电编码器、绝对式光电编码器和混合式光电编码器。

如图 4-7 所示,增量式光电编码器由连接轴 1(工作轴)、支撑轴承 2、光栅 3、光电码盘 4、光源 5、聚光镜 6、光栏板 7、光敏元件 8 和信号处理电路组成。当光电码盘随工作轴一起转动时,光源通过聚光镜,透过光电码盘和光栏板形成忽明忽暗的光信号,光敏元件把光信号转换成电信号,然后通过信号处理电路的整形、放大、分频、计数、译码后输出或显示。为了测量转向,光栏板的两个狭缝距离应为 $m\pm1/4r$(r 为光电码盘两个狭缝之间的距离,即节距;m 为任意整数)。这样两个光敏元件的输出信号(分别称为 A 信号和 B 信号)相对于脉冲周期来说,相差 $\pi/2$ 相位,将输出信号送入鉴相电路,即可判断光电码盘的旋转方向。

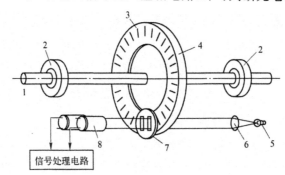

图 4-7　增量式光电编码器

1—连接轴　2—支撑轴承　3—光栅　4—光电码盘　5—光源
6—聚光镜　7—光栏板　8—光敏元件

由于光电编码器每转过一个分辨角就发出一个脉冲信号,因此根据脉冲数可得出工作轴的回转角度,然后由传动比换算出直线位移距离;根据脉冲频率可得到工作轴的转速;根据光栏板上两个狭缝中信号的相位先后,可判断工作轴的正、反转。

此外,在光电编码器的内圈还增加一条透光条纹 Z,每一转产生一个零位脉冲信号。在进给电动机所用的光电编码器上,零位脉冲用于精确参考点。

增量式光电编码器输出信号的种类有差动输出、电平输出、集电极(OC 门)输出等。差动信号传输因抗干扰能力强而得到广泛应用。

IPC 装置的接口电路通常会对接收到的增量式光电编码器差动信号做四倍频处理,从而提高检测精度,方法是从 A 和 B 的上升沿和下降沿各取一个脉冲,则每转所检测的脉冲数为原来的 4 倍。

进给电动机常用增量式光电编码器的分辨率有 2 000 p/r、2 024 p/r、2 500 p/r 等。目前,光电编码器每转可发出数万至数百万个方波信号,因此可满足高精度位置检测的需要。

光电编码器的安装有两种形式:一种是安装在伺服电动机的非输出轴端,称为内装式编码器,用于半闭环控制;另一种是安装在传动链末端,称为外置式编码器,用于闭环控制。光电编码器安装时要保证连接部位可靠、不松动,否则会影响位置检测精度,引起进给运动不稳定,使自动化设备产生振动。

二、绝对式光电编码器

绝对式光电编码器的编码盘上有透光和不透光的编码图案,编码方式有二进制编码、二进制循环编码、二至十进制编码等。绝对式光电编码器通过读取编码盘上的编码图案来确定位置。

图 4-8 所示为绝对式光电编码器的编码盘原理示意图和结构图。图 4-8 中,编码盘上有 4 圈码道。所谓码道就是编码盘上的同心圆。按照二进制分布规律,把每圈码道加工成透明和不透明相间的形式。编码盘的一侧安装光源,另一侧安装一排径向排列的光电管,每个光电管对准一条码道。当光源照射编码盘时,如果是透明区,则光线被光电管接收,并转变成电信号,输出信号为"1";如果是不透明区,光电管接收不到光线,输出信号为"0"。被测工作轴带动编码盘旋转时,光电管输出的信息就代表了轴的对应位置,即绝对位置。

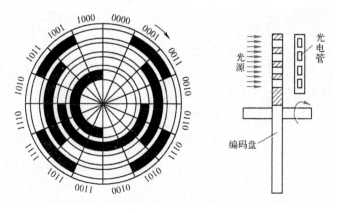

图 4-8 绝对式光电编码器的编码盘原理示意图和结构图

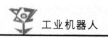
绝对式光电编码器大多采用格雷码进行编码。格雷码的特点是每一相邻数码之间仅改变一位二进制数,这样即使制作和安装不十分准确,产生的误差最多也只是最低位的一位数。

绝对式光电编码器转过的圈数由 RAM 保存,断电后由后备电池供电,保证机床的位置即使断电或断电后又移动也能够正确地记录下来。因此,采用绝对式光电编码器进给电动机的自动化设备只要出厂时建立过设备坐标系,则以后不需要做回参考点操作,就可保证设备坐标系一直有效。绝对式光电编码器与进给驱动装置或 IPC 通常采用通信的方式来反馈位置信息。

编码器接线的注意事项如下:

(1)编码器连接线线径:采用屏蔽电缆(最好选用绞合屏蔽电缆),导线截面积 ≥0.12 mm²(AWG24-26),屏蔽层应接接线插头的金属外壳。

(2)编码器连接线线长:电缆长度尽可能短,且其屏蔽层应和编码器供电电源的 GND 信号相连(避免编码器反馈信号受到干扰)。

(3)布线:远离动力线路布线,防止干扰串入。

(4)驱动单元接不同的编码器时,与之相匹配的编码器线缆是不同的,请确认无误后再进行连接,否则有烧坏编码器的危险。

第五节　反馈线航空插头引脚的分布与定义

反馈线航空插头引脚的分布图如图 4-9 所示,其定义如表 4-4 所示。

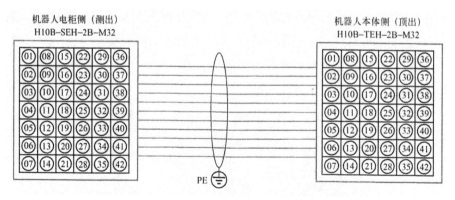

图 4-9　反馈线航空插头引脚的分布图

表4-4 反馈线航空插头引脚定义表

序号	线号	序号	线号	序号	线号	序号	线号	序号	线号	序号	线号
01	1#SD+粉	02	2#SD+粉	03	3#SD+粉	04	4#SD+粉	05	5#SD+粉	06	6#SD+粉
08	1#SD+红	09	2#SD+红	10	3#SD+红	11	4#SD+红	12	5#SD+红	13	6#SD+红
15	1#5V棕	16	2#5V棕	17	3#5V棕	18	4#5V棕	19	5#5V棕	20	6#5V棕
22	1#GND黑	23	2#GND黑	24	3#GND黑	25	4#GND黑	26	5#GND黑	27	6#GND黑

第六节 示教器与IPC电路连接

示教器的信息传输采用的是RJ45接口,通过RJ45接口连接到IPC的LAN端口。

一、RJ45接口

Registered Jack 45接口,简称RJ45,共有8芯,通常用于计算机网络数据传输。接口的线有直通线(12345678对应12345678)、交叉线(12345678对应36145278)两种。RJ45根据线的排序不同有两种,一种是橙白、橙、绿白、蓝、蓝白、绿、棕白、棕;另一种是绿白、绿、橙白、蓝、蓝白、橙、棕白、棕。因此,使用RJ45接口的线也有两种,即直通线、交叉线。

RJ45插座和8P8C水晶头如图4-10所示,引脚分别被标志为1号~8号。RJ45插座引脚的定义如表4-5所示。

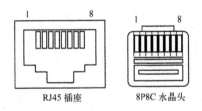

图4-10 RJ45插座和8P8C水晶头

表4-5 RJ45插座引脚定义

引脚号	名 称	作 用
1	NC	预留
2	NC	预留
3	AC—	系统电源AC—输入端
4	AC—	系统电源AC—输入端
5	AC+	系统电源AC+输入端
6	AC+	系统电源AC+输入端
7	L	通信口L
8	H	通信口H

RJ45采用交流12 V电源输入,采用双线供电模式,3、4号线为电源AC－输入端,5、6号线为电源AC＋输入端。

RJ45的7、8引脚为通信信号线,需要按要求接线。

二、水晶头的制作方法

如图4-11所示,所有线路连接完并确认无误后,可以给需要制作水晶头的通信总线制作8P8C水晶头(RJ45)。接入总线水晶头的每条线含义如下:

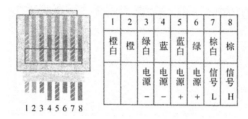

1	2	3	4	5	6	7	8
橙白	橙	绿白	蓝	蓝白	绿	棕白	棕
		电源－	电源－	电源＋	电源＋	信号L	信号H

图4-11 水晶头接线示意图

1(橙白):备用。

2(橙):备用。

3(绿白):代表电源负极或电源AC－。

4(蓝):代表电源负极或电源AC－。

5(蓝白):代表电源正极或电源AC＋。

6(绿):代表电源正极或电源AC＋。

7(棕白):代表信号L。

8(棕):代表信号H。

当所有的总线水晶头制作完成以后,不管是使用总线分接器还是自己手工分接,都必须保证所有总线水晶头的3、4号线都和系统电源的OUT(－)端子或AC－端子接通,5、6号线都和系统电源的OUT(＋)端子或AC＋端子接通,7号线都和系统电源的"L"端子接通,8号线都和系统电源的"H"端子接通。

三、网线通断检测

网线的常规接法(两头568B):橙白1、橙2、绿白3、蓝4、蓝白5、绿6、棕白7、棕8(橙绿蓝棕,白线在左,绿蓝换)。

交叉接法(一头568A):绿白3、绿6、橙白1、蓝4、蓝白5、橙2、棕白7、棕8(绿橙蓝棕,白线在左,橙蓝换)。

在制作完成水晶头后,要使用网线测线仪对制作的网线通断进行检测。

1.使用方法

将网线两端的水晶头分别插入主测试仪和远程测试端的 RJ45 端口,将开关拨到"ON"(S 为慢速挡),这时主测试仪和远程测试端的指示灯应该逐个闪亮。

(1)直通连线的测试:测试直通连线时,主测试仪的指示灯应该从 1 到 8 逐个顺序闪亮,而远程测试端的指示灯也应该从 1 到 8 逐个顺序闪亮。如果是这种现象,则说明直通线的连通没有问题,否则要重做。

(2)交错连线的测试:测试交错连线时,主测试仪的指示灯也应该从 1 到 8 逐个顺序闪亮,而远程测试端的指示灯应该按 3、6、1、4、5、2、7、8 的顺序逐个闪亮,如果是这样,说明交错连线的连通没有问题,否则要重做。

(3)当网线两端的线序不正确时,主测试仪的指示灯仍然从 1 到 8 逐个顺序闪亮,只是远程测试端的指示灯将按与主测试端连通线号的顺序逐个闪亮。也就是说,远程测试端不能按(1)和(2)的顺序闪亮。

2.导线断路测试现象

导线断路测试现象具体如下:

(1)当有 1～6 根导线断路时,主测试仪和远程测试端的对应线号的指示灯都不亮,其他灯仍然可以逐个闪亮。

(2)当有 7 根或 8 根导线断路时,主测试仪和远程测试端的指示灯全都不亮。

3.导线短路测试现象

导线短路测试现象具体如下:

(1)当有两根导线短路时,主测试仪的指示灯仍然从 1 到 8 逐个顺序闪亮,而远程测试端两根短路线所对应的指示灯将被同时点亮,其他指示灯仍按正常的顺序逐个闪亮。

(2)当有 3 根或 3 根以上的导线短路时,主测试仪的指示灯仍然从 1 到 8 逐个顺序闪亮,而远程测试端的所有短路线对应的指示灯都不亮。

第五章　工业机器人驱动方式

第一节　工业机器人驱动方式的辨识

工业机器人的驱动系统，按动力源分为液压、气动和电动三大类。根据需要，也可由这三种基本类型组合成复合式的驱动系统。这三类基本驱动系统各有特点。

液压驱动系统：由于液压技术是一种比较成熟的技术。它具有动力大、力（或力矩）与惯量比大、快速响应高、易于实现直接驱动等特点，适用于承载能力大、惯量大的场合。但液压系统需进行能量转换（电能转换成液压能），速度控制在多数情况下采用节流调速，效率比电动驱动系统低。液压系统的液体泄漏会对环境产生污染，工作噪声也较大。因为这些弱点，近年来，在负荷较小的机器人中，液压驱动系统往往被电动系统所取代。

气动驱动系统：具有速度快、系统结构简单、维修方便、价格低等特点，适合在中、小负荷的机器人中采用。但因难以实现伺服控制，多用于程序控制的机器人中，如在上、下料和冲压机器人中应用较多。气动机器人采用压缩空气为动力源，一般从工厂的压缩空气站引到机器作业位置，也可单独建立小型气源系统。由于气动机器人具有气源使用方便、不污染环境、动作灵活迅速、工作安全可靠、操作维修简便，以及适合在恶劣环境下工作等特点，因此它常在冲压加工、注塑及压铸等有毒或高温条件下作业，也在机床上下料，仪表及轻工行业中、小型零件的输送和自动装配，食品包装及输送，电子产品输送，自动插接，弹药生产自动化等方面获得广泛应用。在多数情况下，气动驱动系统适用于实现两位式或有限点位控制的中、小机器人的制造。

电动驱动系统：由于低惯量，大转矩交、直流伺服电动机及其配套的伺服驱动器（交流变频器、直流脉冲宽度调制器）的广泛采用，这类驱动系统在机器人中被大量选用。电动驱动系统不需要能量转换，使用方便，控制灵活。大多数电动机后面需安装精密的传动机构。直流有刷电动机不能直接用于要求防爆的环境中，成本也较上两种驱动系统高。但因这类驱动系统的优点比较突出,因此在机器人中被广泛选用。

一、液压驱动系统

液压泵使工作油产生压力能并将其转变成机械能的装置称为液压执行器,其原理如图5-1所示。

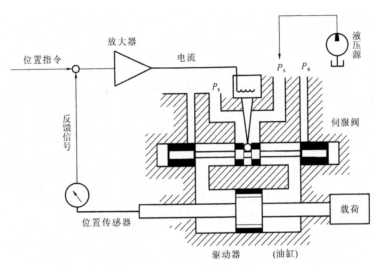

图 5-1　液压驱动方式原理图

驱动液压执行器的外围设备包括:

(1)形成液压的液压泵。

(2)供给工作油的导管。

(3)控制工作油流动的液压控制阀。

(4)控制控制阀的控制回路。

根据液压执行器输出量的形式不同,可以把它们区分为做直线运动的液压缸和做旋转运动的液压马达。

液压驱动系统的优缺点如下:

优点:液压系统的功率重量比高,低速时出力大,无论直线驱动还是旋转驱动都适合,并且液压系统适用于微处理器及电子控制,可用于极端恶劣的外部环境。

缺点:由于液压系统中存在不可避免的泄漏、噪声和低速不稳定等问题,以及功率单元非常笨重和昂贵,目前已不多使用。

工业机器人的应用情况:现在大部分机器人是电动的,当然仍有许多工业机器人带有液压驱动器。此外,对于一些需要巨大型机器人和民用服务机器人的特殊应用场合,液压驱动器仍是合适的选择。

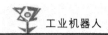

二、气压驱动系统

气压驱动器在原理上与液压驱动器相同,由于气动装置的工作压强低,和液压系统相比,功率重量比小得多。由于空气的可压缩性,在负载作用下会压缩和变形,控制气缸的精确位置很难。但因气动装置结构简单,安全可靠,价格便宜,通常仅用于插入操作或小自由度关节上。

液压驱动方式和气压驱动方式在工业机器人领域中的适用条件比较,见表 5-1 所示。

表 5-1　液压驱动与气压驱动方式在工业机器人领域中适用条件的比较

液压驱动方式	气压驱动方式
适用于搬运较重的物体	适用于搬运较轻的物体
不适于高速移动	适于高速移动
适于确定高精度位置	不适于确定高精度位置

三、电控驱动系统

电气控制系统的驱动方式在时间上经历了两个发展阶段,第一个阶段使用的是直流电动机驱动,第二个阶段使用的是交流电动机驱动。

1. 直流驱动

(1)直流电动机工作原理

直流电动机通过换向器将直流转换成电枢绕组中的交流,从而使电枢产生一个恒定方向的电磁转矩。直流电动机工作原理如图 5-2 所示。

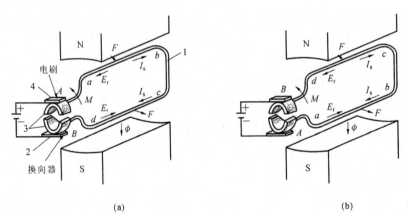

(a)　　　　　　　　　　　　(b)

图 5-2　直流电动机工作原理图

（2）直流电动机的控制方式

直流电动机是通过改变电压或电流控制转速和转矩的。脉冲宽度调制 PWM 是直流调速中最为常用的方式。它是利用脉宽调制器对大功率晶体管开关放大器的开关时间进行控制，将直流电压转换成某一频率的矩形波电压，加到直流电动机的电枢两端，通过对矩形波脉冲宽度的控制，改变电枢两端的平均电压，达到调节电动机转速的目的。

从 PWM 波形图（图 5-3）上可以看出，当脉冲的频宽发生变化时会使得直流电动机的通电时间受到控制，从而对速度实现控制。

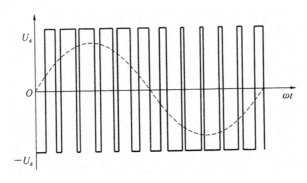

图 5-3　PWM 波形图

（3）直流电动机的特点

优点：调速方便（可无级调速），调速范围宽，低速性能好（启动转矩大，启动电流小），运行平稳，转矩和转速容易控制。

缺点：换相器需经常维护，电刷极易磨损，必须经常更换，噪声比交流电动机大。

2. 交流驱动

目前较常用的交流电动机有两种：三相异步电动机、单相交流电动机。第一种多用在工业电器上，而第二种多用在民用电器上。

（1）交流电动机工作原理

三相异步电动机要旋转起来的先决条件是具有一个旋转磁场，三相异步电动机的定子绕组就是用来产生旋转磁场的。相与相之间的电压在相位上相差 120°，三相异步电动机定子中的三个绕组在空间方位上也互差 120°，这样，当在定子绕组中通入三相电源时，定子绕组就会产生一个旋转磁场，其产生的过程如图 5-4 所示。图中分四个时刻来描述旋转磁场的产生过程。电流每变化一个周期，旋转磁场在空间旋转一周，即旋转磁场的旋转速度与电流的变化是同步的。

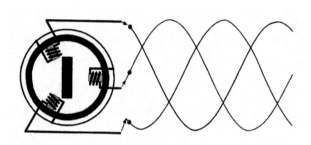

图 5-4　三相交流电动机的工作原理

（2）交流电动机的控制方式

旋转磁场的转速为：

$$n = 60\,\frac{f}{P}$$

式中：f——电源频率；

$\quad\quad P$——磁场的磁极对数；

$\quad\quad n$——单位为 r/min。

由此式可知，电动机的转速与磁极数和使用电源的频率有关，为此，控制交流电动机的转速有两种方法：①改变磁极法；②变频法。以往多用第一种方法，现在则可利用变频技术来实现对交流电动机的无级变速控制。

（3）交流电动机的特点

交流电动机的特点：无电刷和换向器，无产生火花的危险；比直流电动机的驱动电路复杂、价格高。

同步电动机的特点：体积小。适用于要求响应速度快的中等速度以下的工业机器人，以及机床领域。

异步电动机的特点：转子惯量很小，响应速度很快。适用于中等功率以上的伺服系统。

四、开环和闭环两种电控方式

在电控驱动方式中除不同的电动机驱动以外，控制系统还有开环和闭环两种控制方式。这两种控制方式的名称是步进驱动和伺服驱动。

步进电动机驱动系统主要用于开环位置控制系统。优点是控制较容易，维修也较方便，而且控制为全数字化。缺点是由于开环控制，所以精度不高。

伺服驱动的确是当下使用范围最广的一种驱动方式，它拥有以下控制优势：①实现了位置、速度和力矩的闭环控制，克服了步进电动机失步的问题；②高速性能好，一般额定转速能达到 2 000～3 000 r/min；③抗过载能力强，能承受三倍于额定转矩的负载，特别适用于有瞬间负载波动和要求快速启动的场合;④低速运行平稳,低速运行时不会产生类似于步进电动机的步进运行现象,适用于有高速响应要求的场合;⑤电动机加减速的动态响应时间短,一般在几十毫秒之内;⑥发热和噪声明显降低。

五、实施

现场观察工业机器人的外形结构,通过机器人关节的驱动样式确认工业机器人的驱动类型。

步骤一:集合、点名、交代安全事故相关事项。

步骤二:记录机器人名称。

步骤三:记录机器人工位内容,描述工作过程。

步骤四:画出机器人关节样式,分析驱动类型。

步骤五:完成观察报告。

第二节 其他常见电动机及伺服驱动器

伺服机构相当于人的手、足部分,它的任务就是根据系统控制装置的指令,驱动机械本体的执行部件运动。也就是说,系统控制装置指令执行机构移动的距离(位置)和速度。伺服机构的功能就是按照系统装置指令的机械位置和速度进行正确地控制。伺服机构发展到现在,已经发生了很多变化。对于初期的伺服机构,稳定地动作是最大的课题。忠实地按指令运动,需要伺服机构具有快速的反应性,以便很好地跟随急剧变化的指令。另外,用于工业机器人控制时,为了能得到良好的轨迹,要求无振动地稳定运动,即稳定性要好。最初的伺服机构是采用电液步进电动机,后来由于维修不方便,采用了 DC 伺服电动机。又进一步发展为不使用电刷的 AC 伺服电动机。位置和速度的控制回路也从模拟接口变成现代控制理论可以实现的数值控制。现在,为了用高速加工出高精度零件,应用了前馈功能、高精度轮廓控制功能和 HRV 控制等功能,进行高速、高精度运行。

一、FANUC 伺服系统

FANUC 伺服系统(图 5-5)发展至今已拥有高速、高精度、高效率的纳米级控制伺服,其在售的伺服系统中以 αi 系列和 βi 系列为主。αi 系列伺服系统应用于中高端系统中,与最适宜的放大器组合可实现高速度、高加速度,有助于缩短定位时间。同时 αi 系列伺服可选择 3 200 万分辨率、400 万分辨率编码器实现超高精度定位。通过改善磁极形状和使用最新控制技术最大限度地抑制齿槽转矩,提高旋转的平滑性。最大扭矩可达 3 000 N·m,最大功率可达 220 kW。最适用于大型机床、大功率工业机器人等工业机械。βi 系列伺服系统应用于中低端工业系统，采用分辨率为 100 万的编码器可实现进给轴的高精度定位。两个系列的伺服均采用了 HRV 控制，通过将旋转极其平滑的伺服电动机、高精度的电流检测、响应快且分辨率高的脉冲编码器等硬件与最新的伺服 HRV＋控制有机地融合在一起，实现纳米级的高速高精度加工。此外，使用共振跟踪型的 HRV 滤波器，在共振频率变动时也可避免机械共振。

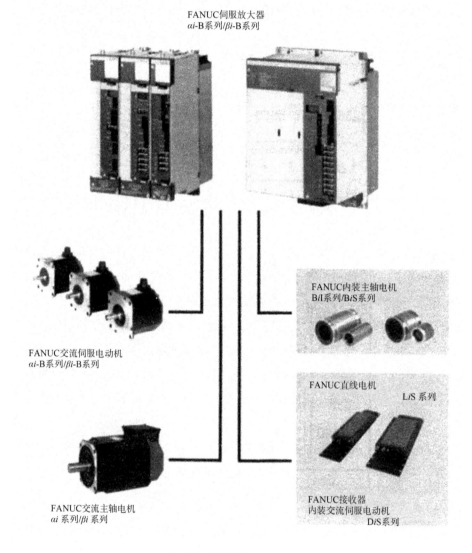

图 5-5　FANUC 伺服系统

1. 伺服驱动接口

FANUC 伺服在接口的定义方面是采用统一标准说明的，现通过 βi 系列伺服放大器的外形结构和接口（图 5-6、图 5-7）对伺服驱动接口进行说明。

图 5-6　βi 系列伺服放大器外形结构

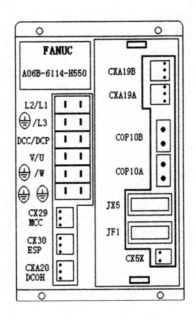

图 5-7　βi 系列伺服接口

L1、L2、L3：主电源输入端接口，三相交流电源 200 V,50/60 Hz。

U、V、W：伺服电动机的动力线接口。

DCC/DCP：外接 DC 制动电阻接口。

CX29：主电源 MCC 控制信号接口。

CX30：急停信号(＊ESP)接口。

CXA20：DC 制动电阻过热信号接口。

CXA19A：DC24 V 控制电路电源输入接口。连接外部 24 V 稳压电源。

CXA19B:DC24 V 控制电路电源输出接口。连接下一个伺服单元的 CXA19A。

COP10A:伺服高速串行总线（HSSB）接口。与下一个伺服单元的 COP10B 连接（光缆）。

COP10B:伺服高速串行总线（HSSB）接口。与 CNC 系统的 COP10A 连接（光缆）。

JX5:伺服检测板信号接口。

JF1:伺服电动机内装编码器信号接口。

CX5X:伺服电动机编码器为绝对编码器。

2. 伺服系统安装连接

FANUC 伺服的连接从外形上可区分出 αi 系列和 βi 系列，αi 系列属于分体式驱动放大器，每个部分都需连接在一起，如图 5-8 所示；而 βi 系列属于一体机，连接上有些明显的差别，如图 5-9 所示。

图 5-8　αi 系列伺服系统的连接

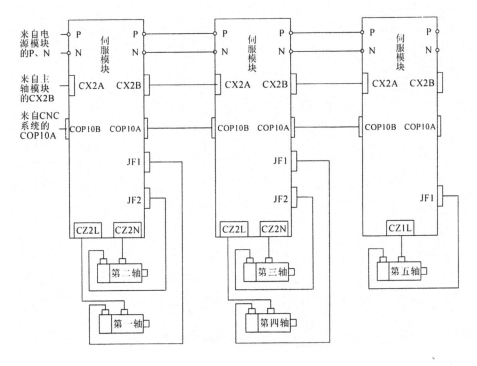

图 5-9　五轴工业机器人伺服系统的连接

3. FANUC 伺服调试

伺服在调整参数时需要考虑的问题和条件有很多：

(1)控制系统单元的类型及相应的软件(功能)，例如，判断系统是 FANUC-0C/0D 系统还是 FANUC-16/18/21/0i 系统。

(2)伺服电动机的类型及规格，例如，进给伺服电动机是 αi 系列还是 βi 系列。

(3)电动机内装的脉冲编码器类型，例如，编码器是增量编码器还是绝对编码器。

(4)系统是否使用了分离型位置检测装置，例如，是否采用独立型旋转编码器或光栅尺作为伺服系统的位置检测装置。

(5)确定电动机—减速机的传动比。

(6)运动控制中的检测单位(如 0.001 mm)。

(7)控制系统的指令单位(如 0.001 mm)。

二、广数伺服系统

DA98 交流伺服系统是国产第一代全数字交流伺服系统，采用国际最新数字信号处理(DSP)、大规模可编程门阵列(CPLD)和三菱智能化功率模块(IPM)，集成度高、体积小、保护完善、可靠性好，采用 PID 算法完成 PWM 控制，性能已达到国外同类产品的水平。与同类国产系统相比，该伺服系统具有以下优点。

（1）避免失步现象。

伺服电动机自带编码器，位置信号反馈至伺服驱动器，与开环位置控制器一起构成半闭环控制系统。

（2）宽速比、恒转矩。

调速比为 1∶5 000，从低速到高速都具有稳定的转矩特性。

（3）高速度、高精度。

伺服电动机最高转速可达 3 000 r/min，回转定位精度为 1/10 000 r。

（4）控制简单、灵活。

通过修改参数可对伺服系统的工作方式、运行特性作出适当的设置，以适应不同的要求。

1. 伺服驱动接口

DA98 伺服系统外形结构（图 5-10）简洁明了，单轴电动机伺服驱动结构，分体设计可灵活增加或删除，在电气柜中排放简洁有序，便于装配与维修。

图 5-10　DA98 伺服系统外形结构

在线路连接方面，该系统对接口的说明非常清晰。

伺服驱动器接口端子配置如图 5-11 所示。其中：TB 为端子排；CN1 为 DB25 接插件，插座为针式，插头为孔式；CN2 也为 DB25 接插件，插座为孔式，插头为针式。

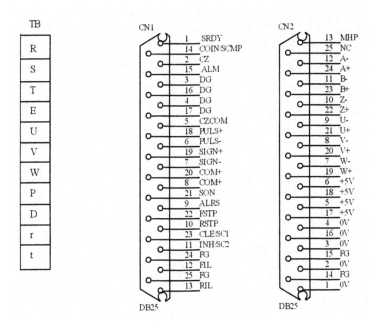

图 5-11　伺服驱动器接口端子配置图

其电源端子说明如表 5-2 所示。

表 5-2　电源端子说明

端子记号	信号名称	功　　能
R S T	主回路电源 单相或三相	主回路电源输入端子～220 V, 50 Hz 注意：不要同电动机输出端子 U、V、W 连接
PE	系统接地	接地端子 接地电阻＜100 Ω 伺服电动机输出和电源输入公共一点接地
U V W	伺服电动机输出	伺服电动机输出端子 必须与电动机 U、V、W 端子对应连接
P	备用	—
D	备用	—
r、t	控制电源 单相	控制回路电源输入端子 ～220 V, 50 Hz

控制信号输入/输出端子 CN1 说明如表 5-3 所示。

表 5-3　控制信号输入/输出端子 CN1

端子号	信号名称	记号	I/O	方式	功　能
CN1-8 CN1-20	输入端子的电源正极	COM+	Type1		输入端子的电源正极 用来驱动输入端子的光电耦合器 DC12~24 V,电流≥1 000 mA
CN1-21	伺服使能	SON	Type1		伺服使能输入端子 SON ON:允许驱动器工作 SON OFF:驱动器关闭,停止工作,电动机处于自由状态 注1:当从 SON OFF 换到 SON ON 前,电动机必须是静止的 注2:换到 SON ON 后,至少等待 50 ms 再输入命令
CN1-9	报警清除	ALRS	Type1		报警清除输入端子 ALRS ON:清除系统报警 ALRS OFF:保持系统报警 注1:对于故障代码大于8的报警,无法用此方法清除,需要断电检修,然后再次通电
CN-22	CCW 驱动禁止	FSTP	Type1		CCW(逆时针方向)驱动禁止输入端子 FSTP ON:CCW 驱动允许 注1:用于机械超限,当开关 OFF 时,CCW 方向转矩保持为 0 注2:可以通过参数 No.20 设置屏蔽此功能,或永远使开关 ON
CN-10	CW 驱动禁止	RSTP	Type1		CW(顺时针方向)驱动禁止输入端子 RSTP ON:CW 驱动允许 RSTP OFF:CW 驱动禁止 注1:用于机械超限,当开关 OFF 时,CW 方向转矩保持为 0 注2:可以通过参数 No.20 设置屏蔽此功能,或永远使开关 ON
CN1-23	偏差计数器清零	CLE	Type1	P	位置偏差计数器清零输入端子 CLE ON:位置控制时,位置偏差计数器清零
	速度选择1	SC1	Type1	S	速度选择1输入端子 在速度控制方式下,SC1 和 SC2 的组合用来选择不同的内部速度 SC1 OFF,SC2 OFF:内部速度1 SC1 ON,SC2 OFF:内部速度2 SC1 OFF,SC2 ON:内部速度3 SC1 ON,SC2 ON:内部速度4

续表

端子号	信号名称	记号	I/O	方式	功 能
CN1-11	指令脉冲禁止	INH	Type1	P	位置指令脉冲禁止输入端子 INH ON:指令脉冲输入禁止 INH OFF:指令脉冲输入有效
	速度选择2	SC2	Type1	S	速度选择2输入端子 在速度控制方式下,SC1和SC2的组合用来选择不同的内部速度 SC1 OFF,SC2 OFF:内部速度1 SC1 ON,SC2 OFF:内部速度2 SC1 OFF,SC2 ON:内部速度3 SC1 ON,SC2 ON:内部速度4
CN1-12	CCW 转矩限制	FIL	Type1		CCW(逆时针方向)转矩限制输入端子 FIL ON:CCW转矩限制在参数No.36范围内 FIL OFF:CCW转矩限制不受参数No.36限制 注1:不管FIL有效还是无效,CCW转矩还受参数No.34限制,一般参数No.34>参数No.36
CN1-13	CW 转矩限制	RIL	Type1		CW(顺时针方向)转矩限制输入端子 RIL ON:CW转矩限制在参数No.37范围内 RIL OFF:CW转矩限制不受参数No.37限制 注1:不管RIL有效还是无效,CW转矩还受参数No.35限制,一般参数No.35>参数No.37
CN1-1	伺服准备好输出	SRDY	Type2		伺服准备好输出端子 SRDY ON:控制电源和主电源正常,驱动器没有报警,伺服准备好输出ON SRDY OFF:主电源未合或驱动器有报警,伺服准备好输出OFF
CN1-15	伺服报警输出	ALM	Type2		伺服报警输出端子 ALM ON:伺服驱动器无报警,伺服报警输出ON ALM OFF:伺服驱动器有报警,伺服报警输出OFF
CN1-14	定位完成输出	COIN	Type2	P	定位完成输出端子 COIN ON:当位置偏差计数器数值在设定的定位范围时,定位完成输出ON
	速度到达输出	SCMP	Type2	S	速度到达输出端子 SCMP ON:当速度到达或超过设定的速度时,速度到达输出ON
CN1-3 CN1-4 CN1-16 CN1-17	输出端子的公共端	DG			控制信号输出端子(除CZ外)的地线公共端

端子号	信号名称	记号	I/O	方式	功　能
CN1-2	编码器 Z 相输出	CZ	Type2		编码器 Z 相输出端子 伺服电动机的光电编码 Z 相脉冲输出 CZ ON:Z 相信号出现
CN1-5	编码器 Z 相输出的公共端	CACOM			编码器 Z 相输出端子的公共端
CN1-18	指令脉冲 PULS 输入	PULS+	Type3	P	外部指令脉冲输入端子 注1:由参数 XX 设定脉冲输入方式 ①指令脉冲+符号方式 ②CCW/CW 指令脉冲方式 ③2 相指令脉冲方式
CN1-6		PULS−			
CN1-19	指令脉冲 SING 输入	SIGN+	Type3	P	
CN1-7		SIGN−			
CN1-24 CN1-25	屏蔽地线	FG			屏蔽地线端子

编码器反馈接口 CN2 说明如表 5-4 所示。

表 5-4　编码器反馈接口 CN2

端子号	信号名称	功　能		
		记号	I/D	
CN2-5 CN2-6 CN2-17 CN2-18	电源输出+	+5 V		伺服电动机光电编码+5 V 电源:电缆长度较长时,应使用多根芯线并联
CN2-1 CN2-2 CN2-3 CN2-4 CN2-16	电源输出−	0 V		
CN2-24	编码器 A+输入	A+	Type4	与伺服电动机光电编码 A+相连接
CN2-12	编码器 A−输入	A−		与伺服电动机光电编码 A−相连接
CN2-23	编码器 B+输入	B+	Type4	与伺服电动机光电编码 B+相连接
CN2-11	编码器 B−输入	B−		与伺服电动机光电编码 B−相连接
CN2-22	编码器 Z+输入	Z+	Type4	与伺服电动机光电编码 Z+相连接
CN2-10	编码器 Z−输入	Z−		与伺服电动机光电编码 Z−相连接
CN2-21	编码器 U+输入	U+	Type4	与伺服电动机光电编码 U+相连接
CN2-9	编码器 U−输入	U−		与伺服电动机光电编码 U−相连接
CN2-20	编码器 V+输入	V+	Type4	与伺服电动机光电编码 V+相连接
CN2-8	编码器 V−输入	V−		与伺服电动机光电编码 V−相连接

2.伺服系统安装连接

(1)电源端子 TB

线径:R、S、T、PE、U、V、W 端子线径≥1.5(AWG14-16),R、T 端子线径≥1.0 (AWG16-18)。

接地:接地线应尽可能粗一点,驱动器与伺服电动机在 PE 端子一点接地,接地电阻< 100 Ω。

端子连接采用 JUT-1.5—4 预绝缘冷压端子,务必连接牢固。

建议由三相隔离变压器供电,减少电击伤人的可能性。

建议电源经噪声滤波器提供电力,提高抗干扰能力。

请安装非熔断型(NFB)断路器,使驱动器在发生故障时能及时切断外部电源。

(2)控制信号 CN1、反馈信号 CN2

线径:采用屏蔽电缆(最好选用绞合屏蔽电缆),线径≥0.12(AWG24-26),屏蔽层须接 FG 端子。

线长:电缆长度尽可能短,控制 CN1 电缆不超过 3 m,反馈信号 CN2 电缆长度不超 过20 m。

布线:远离动力线路布线,防止干扰串入。

请给相关线路中的感性元件(线圈)安装浪涌吸收元件:直流线圈反向并联续流二极管, 交流线圈并联阻容吸收回路。如图 5-12 所示为 DA98 伺服系统连接图。

三、实施

准备 FANUC 伺服驱动器和电动机,介绍各接口所在位置,讲述各连线的样式和使用位 置,动手实施连接。

1.备齐设备

按需要备齐相关器件,并做好准备工作。主要器件包括驱动器、电动机、导线。

2.驱动器各模块的识别

根据说明书和模块名称识别模块类型,确定其摆放位置。

3.系统的连接

驱动器电缆一般多为厂家提供,有着各种不同的接口外形,区分各电缆的连接位置并按 安装连接原理图实施连接。

4.系统的调试

根据伺服调整说明书对应当前设置的实际应用情况来设置并调整伺服参数,使其达到 应用目标。

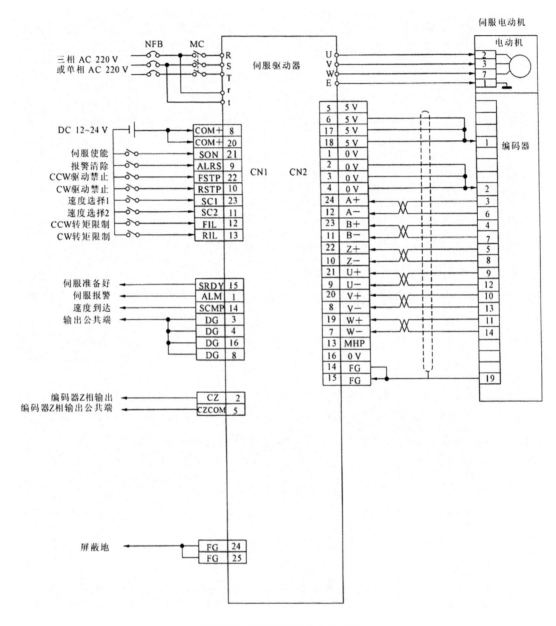

图 5-12　DA98 伺服系统连接图

第三节　工业机器人电气控制柜的布置

工业机器人电气控制柜布置与安装的主要目的：通过电气控制系统的布局实践，掌握电气控制系统的划分方法、电气元件和电气控制线路的安装过程、设计资料整理和电气绘图识别及使用方法。在此过程中培养从事维修工作的整体观念，通过较为完整的工程实践基本训练,为综合素质全面提高及增强工作适应能力打下坚实的基础。

一、电气控制柜元件安装布局规范

电气控制柜元件安装布局规范具体如下:

(1)确保传动柜中的所有设备接地良好,使用短和粗的接地线将设备连接到公共接地点或接地母排上。连接到变频器的任何控制设备(如一台 PLC)都要与其共地,同样也要使用短和粗的导线接地(图 5-13)。

图 5-13 接地要求

在图 5-14 中可以看到接地线多为搭铁连接,连接线多为黄绿相间的导线。

图 5-14 接地的样式

（2）当连接器件为电气柜低压单元（如继电器、接触器）时，使用熔断器加以保护。当对主电源电网的情况不了解时，建议最好加进线电抗器。

（3）确保传导柜中的接触器有灭弧功能，交流接触器采用 RC 抑制器，直流接触器采用"飞轮"二极管，装入绕组中。压敏电阻抑制器也是很有效的。如图 5-15 所示为接入了二极管的接触器。

图 5-15　接入了二极管的接触器

（4）如果设备运行在一个对噪声敏感的环境中，可以采用 EMC 滤波器（图 5-16）减小辐射干扰。同时，为达到最佳效果，确保滤波器与安装板之间应有良好的接触。

图 5-16　EMC 滤波器

（5）信号线最好只从一侧进入电气柜，信号电缆的屏蔽层双端接地。如果非必要，避免使用长电缆。控制电缆最好使用屏蔽电缆。模拟信号的传输线应使用双屏蔽的双绞线。低压数字信号线最好使用双屏蔽的双绞线,也可以使用单屏蔽的双绞线。模拟信号和数字信号的传输电缆应该分别屏蔽和走线。不要将 24 VDC 和 110/230 VAC 信号共用同一条电缆槽。在屏蔽电缆进入电气柜的位置.其外部屏蔽部分与电气柜嵌板都要接到一个大的金属台面上。

(6)电动机动力电缆应独立于其他电缆走线,其最小距离为 500 mm。同时应避免电动机电缆与其他电缆长距离平行走线。如果控制电缆和电源电缆交叉,应尽可能使它们按 90° 交叉。同时必须用合适的夹子将电动机电缆和控制电缆的屏蔽层固定到安装板上。

(7)为有效地抑制电磁波的辐射和传导,变频器的电动机电缆必须采用屏蔽电缆,屏蔽层的电导必须至少为每相导线芯的电导的 1/10。

(8)中央接地排组和 PE 导电排必须接到横梁上(金属到金属连接),它们必须在电缆压盖处正对的附近位置(图 5-17)。中央接地排还要通过另外的电缆与保护电路(接地电极)连接。屏蔽总线用于确保各个电缆的屏蔽连接可靠,它通过一个横梁实现大面积的金属到金属连接。

图 5-17 电缆的捆扎与接地的排布

(9)不能将装有显示器的操作面板安装在靠近电缆和带有线圈的设备旁边,例如,电源电缆、接触器、继电器、螺线管阀、变压器等,因为它们可以产生很强的磁场。

（10）功率部件（变压器、驱动部件、负载功率电源等）与控制部件（继电器控制部分、可编程控制器）必须分开安装，但是并不适用于功率部件与控制部件设计为一体的产品。变频器和相关的滤波器的金属外壳，都应该用低电阻与电柜连接，以减少高频瞬间电流的冲击。理想的情况是将模块安装到一个导电良好的黑色的金属板上，并将金属板安装到一个大的金属台面上。喷过漆的电气柜面板、DIN 导轨或其他只有小的支撑表面的设备都不能满足这一要求。

（11）设计控制柜时要注意 EMC 的区域原则，把不同的设备规划在不同的区域中。每个区域对噪声的发射和抗扰度有不同的要求。区域在空间上最好用金属壳或在柜体内用接地隔板隔离，并要考虑发热量，进风风扇与出风风扇的安装，一般发热量大的设备安装在靠近出风口处，进风风扇安装在下部，出风风扇安装在柜体的上部。

（12）根据电柜内设备的防护等级，需要考虑电柜防尘及防潮功能，一般使用的设备主要为：空调、风扇、热交换器、抗冷凝加热器。同时根据柜体的大小选择不同功率的设备。关于风扇的选择，主要应考虑柜内正常的工作温度，柜外最高的环境温度，求得温差和风扇的换气速率，估算出柜内的空气容量。已知三个数据：温差、换气速率、空气容量后，求得柜内空气更换一次的时间，然后通过温差计算实际需要的换气速率，从而选择实际需要的风扇。因为夜间温度一般会下降，故会产生冷凝水依附在柜内电路板上，所以需要选择相应的抗冷凝加热器以保持柜内温度。

电气柜和控制柜的布局如图 5-18～图 5-21 所示。

图 5-18　电气柜的总体布局样式

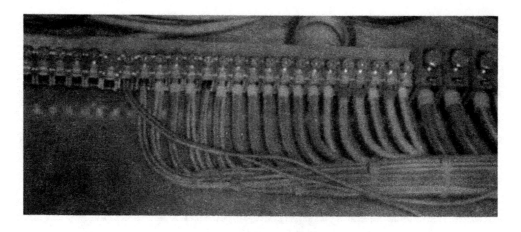

图 5-19　接地母排的样式

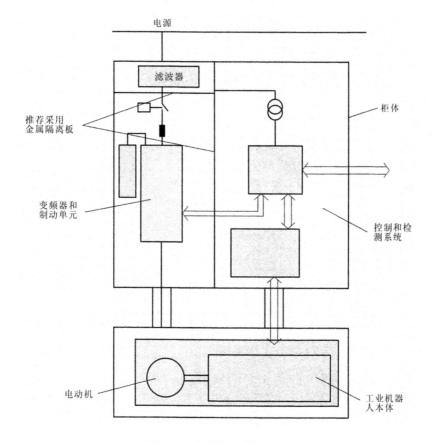

图 5-20　控制柜的布局方式

图 5-21　各连接处的细节

二、华数机器人电控教学拆装平台布线与安装

1. 一次回路接线

把 RVV4×4 多芯线接到断路器进线端，电源线线号分为 380L1、380L2、380L3；断路器出线接到隔离变压器原边侧，线号分为 380L11、380L21、380L31；隔离变压器出线接到 32 A 的保险管底座，线号分别为 220L1、220L2、220L3。接线原理如图 5-22 所示。

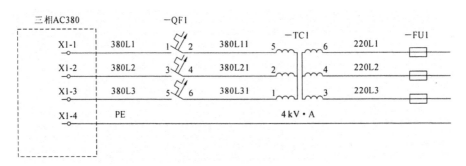

图 5-22　接线原理图（一）

保险管底座的出线线号分别为 220L11、220L21、220L31，出线接到接触器的 1、3、5 主触点，接触器 2、4、6 主触点的出线接到端子片 X2-1、X2-5、X2-9 端子接线排上，线号为 220L13、220L23、220L33，此三相 220 V 电主要为驱动器供电。接线原理如图 5-23 所示。

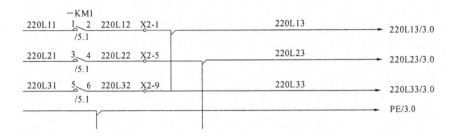

图 5-23　接线原理图(二)

HSV-160U-020 总线伺服驱动器电源接线。端子排 X2-1 到 X2-4 为 220L13,从中任选三个接线排接到 6 个伺服驱动的电源 L1 端,J1、J2、J3、J4、J5、J6 轴驱动器的 L1 端的线标为 R1、R2、R3、R4、R5、R6。端子排 X2-5 到 X2-8 为 220L23,从中任选三个接线排接到 6 个伺服驱动的电源 L2 端,J1、J2、J3、J4、J5、J6 驱动器的 L2 端的线标为 S1、S2、S3、S4、S5、S6。端子排 X2-9 到 X2-12 为 220L33,从中任选三个接线排接到 6 个伺服驱动的电源 T 端,J1、J2、J3、J4、J5、J6 驱动器的 L3 端的线标为 T1、T2、T3、T4、T5、T6。

开关电源的接线。从保险管底座的 220L11 和 220L21 侧分别做一根跳线接到开关电源 L、N 端子处,线号为 220L11、220L21。开关电源 24V 一直接到端子排 X3-11,线号为 N24,开关电源 24V＋接到电源转换开关的 3 触点,线号为 P24,电源转换开关 4 触点接到端子排 X3-1,线号为 P24。接线原理如图 5-24 所示。

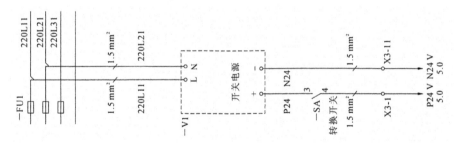

图 5-24　接线原理图(三)

2. 二次回路接线

从 P24 端子排处接一根线到电源转换开关 SA1 的端子 1 处,线号为 P24,从电源转换开关触点 2 接一根线到接触器线圈＋,线号为 0500。此处通过转换开关来控制接触器主触点是否闭合,进而控制伺服驱动器的主电源。

从 P24 端子排接一根线到电源转换开关 SA 的触点 7,线号为 P24,从电源转换开关触点 8 接一根线到电源指示灯的 X1,线号为 0501,电源指示灯的 X2 触点接 N24。接线原理如图 5-25 所示。

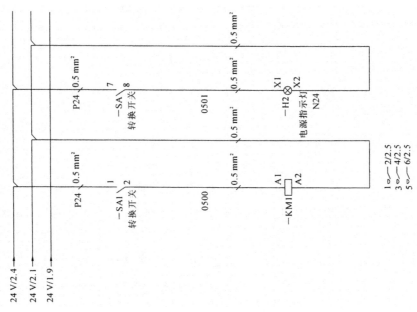

图 5-25　接线原理图（四）

从 P24 端子排接一根线到 IPC 控制器 24 V 端,线号为 0502,从 N24 端子排接一根线到 IPC 控制器 GND,线号为 0503。从 P24 端子排接一根线到 I/O 模块 24 V 端,线号为 0504,从 N24 端子排处接一根线到 I/O 模块 GND,线号为 0505。从 P24 端子排处接一根线到示教器 24 V 端,线号为 0506,从 N24 端子排处接一根线到示教器 GND,线号为 0507。接线原理如图 5-26 所示。

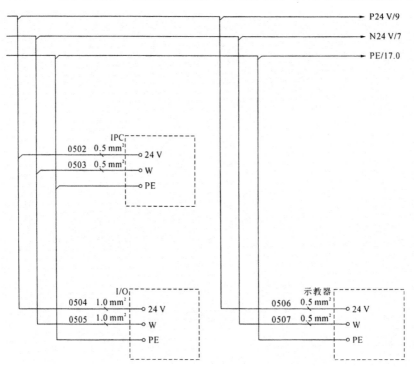

图 5-26　接线原理图（五）

3. I/O 模块输入回路接线

将 HIO-1011N 模块的第一块 X0.0 到 X0.7 分别接到接线端子排 X4-1 到 X4-8 上端，GND 端接到 N24 端子排上，线号为 0708。

X4-1 接线端子排下端接示教器急停信号，线号为 0700。

X4-3 接线端子下端接按钮面板急停开关 S2 的 X1 触点，线号为 0702，急停开关的 X2 触点接 N24 端子排，线号为 N24。

X4-6 接线端子下端接按钮面板复位按钮 S3 的 X1 触点，线号为 0705，复位按钮的 X2 触点接 N24 端子排，线号为 N24。

X4-8 接线端子线段接按钮面板伺服使能按钮 S4 的 X1 触点，线号为 0707，伺服使能按钮的 X2 触点接 N24 端子排，线号为 N24。

接线原理如图 5-27 所示。

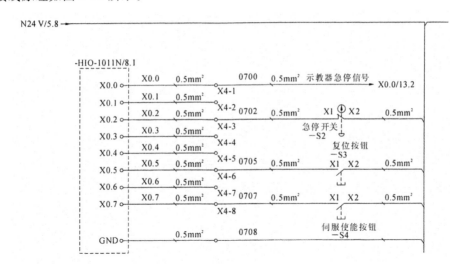

图 5-27 接线原理图（六）

4. I/O 模块输出回路接线

将 HIO-1021N 模块的 Y0.0～Y0.7 分别接到中间继电器（KA1～KA8）的触点 A1，KA1～KA8 中间继电器的触点 A2 分别接到 P24 端子排。接线原理如图 5-28 所示。

将 HIO-1021N 模块的 Y1.0～Y1.7 分别接到端子排 X5-1 到 X5-7。

X5-1 端子排接到伺服使能指示灯 X1 触点，线号为 1000，X2 触点接 P24 端子排，线号为 P24。

X5-2 端子排接到横向红灯 X1 触点，线号为 1001，X2 触点接 P24 端子排，线号为 P24。

X5-3 端子排接到横向黄灯 X1 触点，线号为 1002，X2 触点接 P24 端子排，线号为 P24。

X5-4 端子排接到横向绿灯 X1 触点，线号为 1003，X2 触点接 P24 端子排，线号为 P24。

X5-5 端子排接到纵向红灯 X1 触点，线号为 1004，X2 触点接 P24 端子排，线号为 P24。

X5-6 端子排接到纵向黄灯 X1 触点,线号为 1005,X2 触点接 P24 端子排,线号为 P24。

X5-7 端子排接到纵向绿灯 X1 触点,线号为 1006,X2 触点接 P24 端子排,线号为 P24。

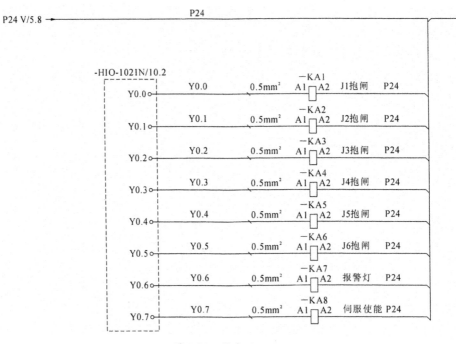

图 5-28　接线原理图(七)

KA1～KA8 中间继电器的触点 5 接 P24 端子排,触点 9 分别接端子排 X6-1、X6-3、X6-5、X6-7、X6-9、X6-11、X6-13、X6-14,线号分别为 BK1+、BK2+、BK3+、BK4+、BK5+、BK6+、YL1、YL2。中间继电器 KA1～KA6 分别控制 6 个电动机的抱闸线圈。接线原理如图5-29所示。

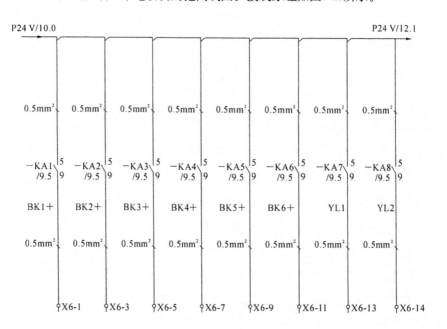

图 5-29　接线原理图(八)

5. NCUC 总线

NCUC 总线协议具有自主知识产权,可以方便实现设备装置之间高速的数据交换。整个电气拆装实训平台的 NCUC 总线回路如图 5-30 所示。

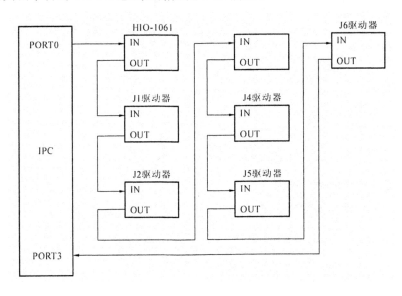

图 5-30　NCUC 总线回路

6. 驱动器与电动机编码器接线

伺服驱动器 XS1 接口插座和插头引脚分布如图 5-31 所示。

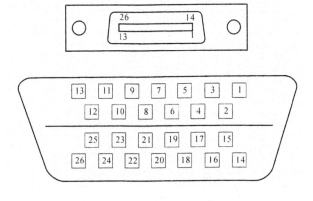

图 5-31　编码器插头引脚分布

XS1 伺服电动机编码器输入接口插头焊片(面对插头的焊片)驱动器与电动机编码器电缆信号为 SD+、SD−、Vcc、GND、VB、PE。多摩川电动机编码器和驱动器的接线如图 5-32 所示。

J1~J6 轴编码器电缆为 RVVP 多芯屏蔽电缆(6 芯),粉色接电动机编码器的 SD+,红色接电动机编码器的 SD−,棕色接电动机编码器的 Vcc,黑色接电动机编码器的 GND。

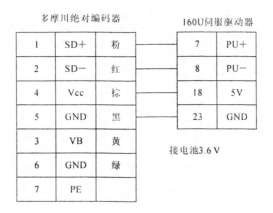

图 5-32 编码器与驱动器连线图

7. 驱动器与电动机动力接线

XT2 电源输出端子引脚示意图如图 5-33 所示。

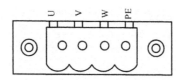

图 5-33 电动机动力线端子

J1~J6 轴动力电缆为 RVVP 多芯屏蔽电缆（4 芯），抱闸电缆用的 RVVP 多芯电缆（2 芯）。

三、实施

根据电气布局图、电气原理图及综合布线规范实施电气柜装配。装配过程按照行业要求执行。

对于华数机器人平台电气控制系统的安装与调试需根据知识准备中的基本介绍，并严格按照装配要求实施。最终通电测试前需按照以下流程对其检查。

（1）检查端子排是否损伤，导体是否歪斜，导线外层是否破损。

（2）元器件安装应牢固可靠，应留有足够的灭弧距离和维护拆卸罩所需的空间，并有防松措施，外部接线端子应为接线留有必要的空间。

（3）导线截面选用是否符合要求，布线是否合理、整齐美观；电缆固定端子是否牢固，有无松动现象。

（4）根据图样用万用表逐点检测，通断符合图样要求。

（5）检测电源分配，外接一次侧电源是否正确，包括 380 VAC、20 VAC 和 24 VDC，所有设备均可正常上电。

（6）检查 NCUC 总线连接和 PLC I/O 模块的接线是否与电气图样一致。

（7）检测通信设备，通信正常。检测人机界面，显示正常，通信正常。检测 I/O 模块功能及每个 I/O 通道，正常。

第四节　GK 系列电动机与伺服驱动器

GK6 系列交流伺服电动机与相应伺服驱动装置配套后构成相互协调的系统，可广泛应用于机床、纺织、塑料机械、印染、印刷、建材、雷达、火炮、机械手臂、包装机械等领域。GK6 系列交流伺服电动机由定子、转子、高精度反馈元件（如光电编码器、旋转变压器等）组成。

GK6 系列交流伺服电动机采用高性能稀土永磁材料形成气隙磁场，采用无机壳定子铁芯，温度梯度大，散热效率高，具有如下优点：

（1）结构紧凑，功率密度高。

（2）转子惯量小，响应速度快。

（3）超高内禀矫顽力稀土永磁材料，抗去磁能力强。

（4）几乎在整个转速范围内可恒转矩输出。

（5）低速转矩脉动小，平衡精度高，高速运行平稳。

（6）噪声低、振动小。

（7）全密封设计。

（8）性能价格比高。

一、电动机部分

1. 技术规范

电动机技术规范具体如表 5-5 和表 5-6 所示。

表 5-5　电动机技术参数

电机类型	交流伺服电动机（永磁同步电动机）
磁性材料	超高内禀矫顽力稀土永磁材料
绝缘等级	F 级：环境温度为 $+40\,℃$ 时，定子绕组温升可达 $\Delta T = 100\ \text{K}$。可选 H 级、C 级绝缘，定子绕组温升分别达 125 K、145 K
反馈系统	标准型：方波光电编码器（带 U、V、W 信号） 备选型：①旋转变压器，用于振动、冲击较大的环境 ②正余弦光电编码器，经细分分辨率可达 220 ③绝对式编码器

电机类型	交流伺服电动机(永磁同步电动机)
温度保护	PTC 正温度系数热敏电阻,20℃时 $R \leqslant 250\ \Omega$ 备选:热敏开关,KTY84-130
安装形式	IMB5,备选:IMV1、IMV3、IMB35
保护等级	IP64,备选:IP65、IP66、IP67
冷却	自然冷却
表面漆	灰色无光漆 备选:根据用户需要
轴承	双面密封深沟球轴承
径向轴密封	驱动端装轴密封圈
轴伸	标准型:a 型、光轴、无键 备选:b 型、有键槽、带键,或根据要求定制,详见轴伸标准图
振动等级	N 级,备选:R 级、S 级
旋转精度	N 级,备选:R 级、S 级
工作环境	环境温度:−15℃～+40℃ 相对湿度:30%～95%(无凝露) 大气压强:86 kPa～106 kPa 海拔高度:≤1 000 m

表 5-6 技术数据(与 3 相 220 V 输入驱动器匹配)

型号	额定转速/ (r/min)	静转矩 M_0/ (N·m)	相电流/ A	转矩常数 K_T/ (N·m/A)	电压常数 K_E/ (V/1 000 r/min)	转动惯量/ (10^{-4} kg·m²)
GK6011-8AF31	3 000	0.12	1.09	0.11	7.0	0.020
GK6013-8AF31	3 000	0.21	1.40	0.15	9.0	0.024
GK6014-8AF31	3 000	0.28	1.35	0.21	13	0.028
GK6015-8AF31	3 000	0.41	1.44	0.28	17.3	0.041
GK6021-8AF31	3 000	0.6	1.36	0.44	20	0.21
GK6023-8AF31	3 000	0.8	1.8	0.45	20	0.29
GK6025-8AF31	3 000	1.6	3.6	0.45	30	0.45
GK6031-8AF31	3 000	3.2	4.3	0.74	43.3	1.21
GK6032-8AF31	3 000	4.3	6.3	0.68	45	1.63
GK6040-6AC31	2 000	1.6	2.1	0.76	67	1.87
GK6040-6AF31	3 000		3.2	0.5	40	
GK6040-6AK31	6 000		6.4	0.25	20	

续表

型号	额定转速/ (r/min)	静转矩 M_0/ (N·m)	相电流 A	转矩常数 K_T/ (N·m/A)	电压常数 K_E/ (V/1 000 r/min)	转动惯量/ (10^{-4} kg·m^2)
GK6041-6AC31	2 000		2.8	0.89	60	
GK6041-6AF31	3 000	2.5	4.2	0.59	40	2.67
GK6041-6AK31	6 000		8.5	0.29	20	
GK6042-6AC31	2 000		3.0	1.07	60	
GK6042-6AF31	3 000	3.2	4.5	0.71	40	3.47
GK6042-6AK31	6 000		9	0.36	20	
GK6051-6AC31	2 000	2	2.4	0.83	55	1.73
GK6051-6AF31	3 000		3.5	0.57	37	
GK6052-6AC31	2 000	3	3.0	1	64	3.0
GK6052-6AF31	3 000		4.5	0.67	43	
GK6053-6AC31	2 000	4	4.0	1	64	4.27
GK6053-6AF31	3 000		5.0	0.8	51	
GK6054-6AC31	2 000	5	5.0	1	64	5.55
GK6054-6AF31	3 000		6.0	0.83	53	
GK6055-6AC31	2 000	6	6.0	1	64	6.83
GK6055-6AF31	3 000		8.0	0.75	48	
GK6060-6AC31	2 000	3	2.5	1.2	62	4.4
GK6060-6AF31	3 000		3.8	0.79	43	
GK6061-6AC31	2 000	6	5.5	1.09	80	8.7
GK6061-6AF31	3 000		8.3	0.72	53	
GK6062-6AC31	2 000	7.5	6.2	1.21	80	12.9
GK6062-6AF31	3 000		9.3	0.81	53	
GK6063-6AC31	2 000	11	9.0	1.22	80	17
GK6063-6AF31	3 000		13.5	0.83	53	
GK6064-6AC31	2 000	4.5	3.7	1.22	80	6.7
GK6064-6AF31	3 000		5.5	0.82	53	
GK6065-6AC31	2 000	15	12.3	1.22	80	22.2
GK6065-6AF31	3 000		18.3	0.82	53	

2. 型号说明

型号说明具体如图 5-34 所示。

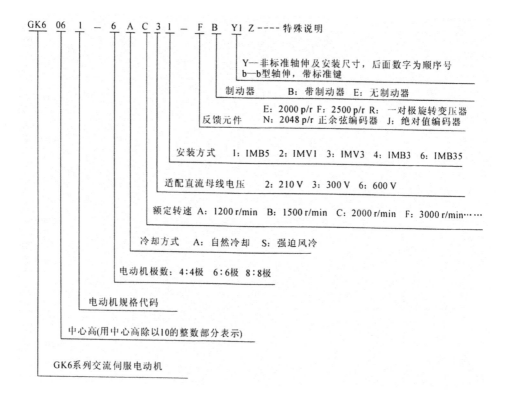

图 5-34　型号说明

3. 插件接线定义图

插件接线定义图如图 5-35 和图 5-36 所示。

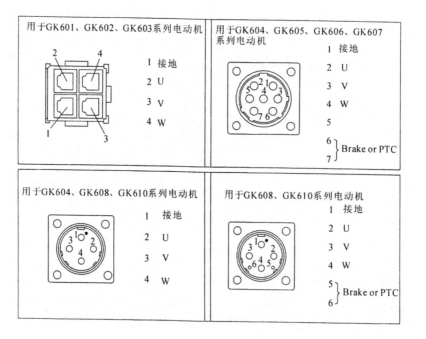

图 5-35　动力插座接线定义图

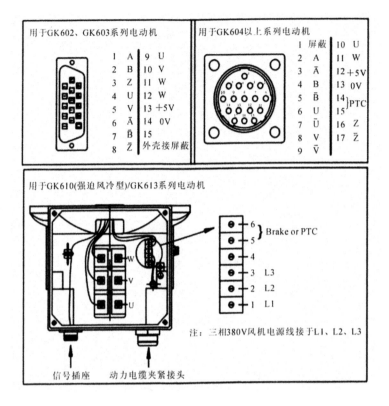

图 5-36 信号插座接线定义图

二、驱动器部分

1. GA16 系列全数字交流伺服驱动装置

GA16 系列全数字交流伺服驱动装置的优点,具体如下:

(1)采用最新运动控制专用数字信号处理器(DSP)、大规模现场可编程逻辑阵列(FPGA)和智能化功率块(IPM)等最新技术设计,操作简单、可靠性高、体积小巧、易于安装。

(2)控制简单、灵活:通过修改伺服驱动单元参数,可对伺服驱动系统的工作方式、内部参数进行设置,以适应不同应用环境和要求。

(3)状态显示齐全:GA16 设置了一系列状态显示信息,方便用户在调试、使用过程中观察伺服驱动单元的相关状态参数;同时也提供了一系列的故障诊断信息。

(4)宽调速比(与电动机及反馈元件有关):GA16 伺服驱动单元的最高转速可设置为 6 000 r/min,最低转速为 0.5 r/min,调速比为 1∶6 000。

(5)体积小巧,易于安装。

图 5-37 所示为电动机外形尺寸图,图 5-38 所示为轴伸键槽推荐标准。

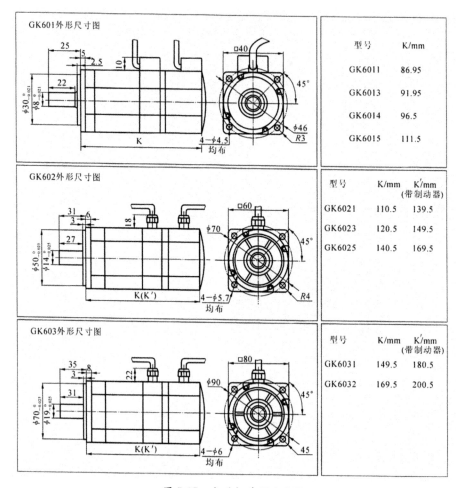

图 5-37 电动机外形尺寸图

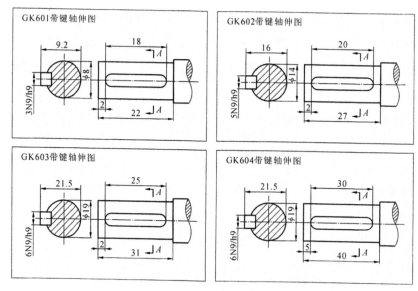

图 5-38 轴伸键槽推荐标准

2. 驱动器规格型号说明

驱动器规格型号说明如图 5-39 所示,驱动器规格如表 5-7 所示。

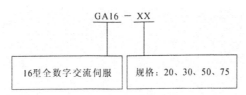

图 5-39 驱动器规格型号

表 5-7 驱动器规格

控制电源		单相 AC220 V 50/60 Hz	输入强电电源	三相 AC220 V 50/60 Hz
使用环境	温度	工作:0~55℃存贮,−20~80℃		
	湿度	小于 90%(无结露)		
	振动	小于 0.5 G(4.9 m/s²),10~60 Hz(非连续运行)		
控制方法		①位置控制;②速度控制;③速度试运行;④JOG 运行		
再生制动		内置/外接		
特性	速度频率响应	300 Hz 或更高		
	速度波动率	<±0.1(负载 0~100%);<±0.02(电源−15%~+10%)(数值对应于额定速度)		
	调速比	1:6 000		
	脉冲频率	≤500 kHz		
控制输入		①伺服使能;②报警清除;③偏差计数器清零;④指令脉冲禁止;⑤CCW 驱动禁止;⑥CW 驱动禁止		
控制输出		①伺服准备好输出;②伺服报警输出;③定位完成输出/速度到达输出		
位置控制	输入方式	①两相 A/B 正交脉冲;②脉冲+符号;③CCW/CW		
	电子齿轮	(1~32 767)/(1~32 767)		
	反馈脉冲	最高 20 000 p/r		
加减速功能		参数设置 1~10 000 ms(0~2 000 r/min 或 2 000~0 r/min)		
监视功能		转速、当前位置、指令脉冲积累、位置偏差、电动机转矩、电动机电流、转子位置、指令脉冲频率、运行状态、输入输出端子信号等		
保护功能		超速、主电源过压、欠压、过流、过载、制动异常、编码器异常、控制电源欠压、保险丝断、过热、位置超差等		
操作		6 位 LED 数码管、5 个按键		
适用负载惯量		小于电动机惯量的 5 倍		

3.伺服驱动放大器尺寸

伺服驱动放大器型号及尺寸,具体如图 5-40 所示。

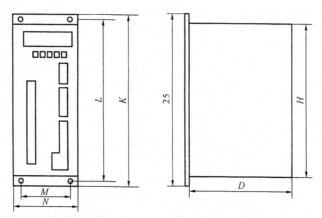

型号	M	N	T	L	K	D	H
GA16-20	53	81	/	239	258	165	222
GA16-30	53	81	/	239	258	165	222
GA16-50	58	86	104	239	258	179	222
GA16-75	77	114	125.5	239	258	206	222

图 5-40 伺服驱动放大器型号及尺寸

三、实施

现场讲述 GK 系列电动机和驱动器,通过在实验平台上的应用分门别类地了解各型号的电动机,同时掌握其安装、连接的要素。

步骤一:集合、点名、交代安全事故相关事项。

步骤二:分配 GK 系列电动机和驱动器的实验台。

步骤三:记录讲述内容,分析不同之处。

步骤四:拆卸记录,装配记录。

步骤五:完成观察报告。

第五节 ST 系列电动机与伺服驱动器

ST 系列交流伺服电动机与相应伺服驱动装置配套后构成的相互协调的系统,可广泛应用于机床、纺织、印刷、工业机械手臂、包装机械等领域。ST 系列交流伺服电动机由定子、转子、高精度光电编码器组成。

本节介绍 LBB 和 HBB 两个系列电动机。

一、LBB 系列

1. 特点

机座(mm):80、110、130、150。额定转矩(N·m):1.3～19.1。

额定转速(r/min):1 500、2 000、3 000。最高转速(r/min):5 000。

额定功率(kW):0.4～3.0。标配反馈元件:总线式编码器(131072C/T)。

失电制动器:选配。绝缘等级:B。

防护等级:密封自冷式,IP65。极对数:4。

安装方式:法兰盘。励磁方式:永磁式。

环境温度:0～55℃。环境湿度:小于90%(无结露)。

适配驱动器工作电压(VAC):220。

2. LBB 系列伺服电动机型号说明

LBB 系列伺服电动机型号说明如图 5-41 所示。

$$\underset{(1)}{110}\ \underset{(2)}{ST}\ -\ \underset{(3)}{M}\ \underset{(4)}{024}\ \underset{(5)}{20}\ \underset{(6)}{L}\ \underset{(7)}{M}\ \underset{(8)}{B}\ \underset{(9)}{B}\ \underset{(10)}{Z}$$

图 5-41　LBB 系列伺服电动机型号说明

(1)机座号。

(2)交流永磁同步伺服电动机。

(3)反馈元件类型:光电编码器。

(4)额定转矩:三位数×0.1 N·m。

(5)额定转速:二位数×100 r/min。

(6)驱动器工作电压(VAC):220。

(7)标配编码器代码:M—多圈总线式编码器(131072C/T)。

(8)中惯量。

(9)具有最高转速特性。

(10)安装了失电制动器。

表 5-8 所示为 LBB 系列一览表,表 5-9 所示为 80 机座(3 000 r/min)参数一览表。

表 5-8　LBB 系列一览表

电动机	主要参数			
	额定转矩/(N·m)	额定转速/(r/min)	额定电流/A	额定功率/kW
80ST-M01330LF1B	1.3	3 000	2.6	0.4
80ST-M02430LF1B	2.4	3 000	4.2	0.75

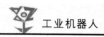

电动机	主要参数			
	额定转矩/(N·m)	额定转速/(r/min)	额定电流/A	额定功率/kW
80ST-M03330LF1B	3.3	3 000	4.2	1.0
110ST-M02030LFB	2.0	3 000	4.0	0.6
110ST-M04030LFB	4.0	3 000	5.0	1.2
110ST-M05030LFB	5.0	3 000	6.0	1.5
110ST-M06020LFB	6.0	2 000	6.0	1.2
110ST-M06030LFB	6.0	3 000	8.0	1.6
130ST-M04025LFB	4.0	2 500	4.0	1.0
130ST-M05020LFB	5.0	2 000	5.0	1.0
130ST-M05025LFB	5.0	2 500	5.0	1.3
130ST-M06025LFB	6.0	2 500	6.0	1.5
130ST-M07720LFB	7.7	2 000	6.0	1.6
130ST-M07725LFB	7.7	2 500	7.5	2.0
130ST-M07730LFB	7.7	3 000	9.0	2.4
130ST-M10015LFB	10	1 500	6.0	1.5
130ST-M10025LFB	10	2 500	10.0	2.6
130ST-M15015LFB	15	1 500	9.5	2.3
130ST-M15025LFB	15	2 500	17.0	3.8
150ST-M15025LFB	15	2 500	16.5	3.8
150ST-M18020LFB	18	2 000	16.5	3.6
150ST-M23020LFB	23	2 000	20.5	4.7
150ST-M27020LFB	27	2 000	20.5	5.5

表 5-9 80 机座(3 000 r/min)参数一览表

电动机型号	80ST-M01330LF1B	80ST-M02430LF1B	80ST-M03330LF1B
功率/kW	0.4	0.75	1.0
额定转矩/(N·m)	1.3	2.4	3.3
额定转速/(r/min)	3 000	3 000	3 000
额定电流/A	2.6	4.2	4.2
转子惯量/(kg·m²)	0.74×10^{-4}	1.2×10^{-4}	1.58×10^{-4}
机械时间常数/ms	1.65	0.993	0.83

电动机型号	80ST-M01330LF1B	80ST-M02430LF1B	80ST-M03330LF1B
电气时间常数/ms	6.435	7.272	7.668
转矩常数/ms	0.5	0.571	0.786
相反电势常数	21.05	22.77	29.27
相绕组电阻/Ω	1.858	0.901	1.081
相绕组电感/mH	11.956	6.552	8.29
最大电流/A	7.8	12.6	12.6
最大转矩/(N·m)	3.9	7.2	9.9

3. LBB 系列电动机尺寸

LBB 系列电动机尺寸具体如表 5-10 所示。

表 5-10　LBB 系列电动机尺寸

型号	L	LL	LR	LE	LG	LC	LA	LZ	S	LB	W	LK
80ST-M01330LEB	163	128	35	3	10	80	90	6	19	70	6	25
80ST-M02430LEB	185	150	35	3	10	80	90	6	19	70	6	25
80ST-M03330LEB	200	165	35	3	10	80	90	6	19	70	6	25

图 5-42、图 5-43 所示分别为 LBB 系列电动机尺寸和轴伸出端尺寸。

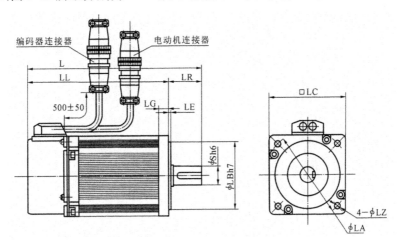

图 5-42　LBB 系列电动机尺寸

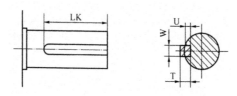

图 5-43 轴伸出端尺寸

二、HBB 系列

1. 特点

机座(mm):110、130、150。额定转矩(N·m):2.5～28.7。

额定转速(r/min):1 500、2 000。最高转速(r/min):3 000。

额定功率(kW):0.4～5.5。标配反馈元件:总线式编码器(131072C/T)。

失电制动器:选配。绝缘等级:B。

防护等级:密封自冷式,IP65。极对数:4。

安装方式:法兰盘。励磁方式:永磁式。

环境温度:0～55℃。环境湿度:小于 90%(无结露)。

适配驱动器工作电压(VAC):380。

2. HBB 系列伺服电动机型号说明

HBB 系列伺服电动机型号说明如图 5-44 所示。

$$\underset{(1)}{\underline{110}}\ \underset{(2)}{\underline{ST}}\ -\ \underset{(3)}{\underline{M}}\ \underset{(4)}{\underline{024}}\ \underset{(5)}{\underline{20}}\ \underset{(6)}{\underline{H}}\ \underset{(7)}{\underline{M}}\ \underset{(8)}{\underline{B}}\ \underset{(9)}{\underline{B}}\ \underset{(10)}{\underline{Z}}$$

图 5-44 HBB 系列伺服电动机型号说明

(1)机座号。

(2)交流永磁同步伺服电动机。

(3)反馈元件类型:光电编码器。

(4)额定转矩:三位数×0.1 N·m。

(5)额定转速:二位数×100 r/min。

(6)驱动器工作电压(VAC):380。

(7)标配编码器代码:M—多圈总线式编码器(131072C/T)。

(8)中惯量。

(9)具有最高转速特性。

(10)安装了失电制动器。

表 5-11～表 5-13 所示分别为 HBB 系列一览表、110 机座(1 500 r/min)参数一览表和 110 机座(2 000 r/min)参数一览表。

表 5-11 HBB 系列一览表

电动机型号	主要参数				
	额定转矩 /(N·m)	额定转速 /(r/min)	最高转速 /(r/min)	额定电流 /A	额定功率 /kW
110ST-M02515HMBB	2.5	1 500	3 000	2.5	0.4
110ST-M03215HMBB	3.2	1 500	3 000	2.5	0.5
110ST-M05415HMBB	5.4	1 500	3 000	3.5	0.85
110ST-M06415HMBB	6.4	1 500	3 000	4.0	1.0
110ST-M02420HMBB	2.4	2 000	3 000	2.5	0.5
110ST-M04820HMBB	4.8	2 000	3 000	3.5	1.0
130ST-M03215HMBB	3.2	1 500	3 000	2.5	0.5
130ST-M05415HMBB	5.4	1 500	3 000	3.8	0.85
130ST-M06415HMBB	6.4	1 500	3 000	4.0	1.0
130ST-M09615HMBB	9.6	1 500	3 000	6.0	1.5
130ST-M14615HMBB	14.3	1 500	3 000	9.5	2.3
130ST-M04820HMBB	4.8	2 000	3 000	3.5	1.0
130ST-M07220HMBB	7.2	2 000	3 000	5.0	1.5
130ST-M09620HMBB	9.6	2 000	3 000	7.5	2.0
130ST-M14320HMBB	14.3	2 000	3 000	9.5	3.0
150ST-M14615HMBB	14.6	1 500	3 000	9.0	2.3
150ST-M19115HMBB	19.1	1 500	3 000	12.0	3.0
150ST-M22315HMBB	22.3	1 500	3 000	13.0	3.5
150ST-M28715HMBB	28.7	1 500	3 000	17.0	4.5
150ST-M14320HMBB	14.3	2 000	3 000	9.0	3.0
150ST-M23920HMBB	23.9	2 000	3 000	14.0	5.0
150ST-M26320HMBB	26.3	2 000	3 000	15.5	5.5

表 5-12 110 机座(1 500 r/min)参数一览表

电动机型号	110ST-M02515 HEBB	110ST-M03215 HEBB	110ST-M05415 HEBB	110ST-M06415 HEBB
功率/kW	0.4	0.5	0.85	1.0
额定转矩/(N·m)	2.5	3.2	5.4	6.4
额定转速/(r·min)	1 500	1 500	1 500	1 500
最高转速/(r·min)	3 000	3 000	3 000	3 000

续表

电动机型号	110ST-M02515 HEBB	110ST-M03215 HEBB	110ST-M05415 HEBB	110ST-M06415 HEBB
额定电流/A	2.5	2.5	3.5	4.0
转子惯量/(kg·m²)	0.425×10^{-3} (0.489×10^{-3})	0.828×10^{-3} (0.892×10^{-3})	0.915×10^{-3} (0.979×10^{-3})	1.111×10^{-3} (1.175×10^{-3})
机械时间常数/ms	8.110	4.470	2.391	1.895
电气时间常数/ms	3.102	3.736	4.046	4.322
转矩常数/(N·m/Arms)	1.25	1.28	1.543	1.6
相反电势常数/(V/kr/min)	59.57	65.57	64.415	65.07
相绕组电阻/Ω	6.361	2.948	2.074	1.456
相绕组电感/mH	19.730	11.015	8.390	6.291
最大电流/A	6.0	7.5	10.5	12.0
最大转矩/(N·m)	7.5	9.6	16.2	19.2

表 5-13　110 机座(2000 r/min)参数一览表

电动机型号	110ST-M02420HEBB	110ST-M04820HEBB
功率/kW	0.5	1.0
额定转矩/(N·m)	2.4	4.8
额定转速/(r·min)	2 000	2 000
最高转速/(r·min)	3 000	3 000
额定电流/A	2.5	3.5
转子惯量/(kg·m²)	0.425×10^{-3} (0.489×10^{-3})	0.915×10^{-3} (0.979×10^{-3})
机械时间常数/ms	7.369	2.668
电气时间常数/ms	3.05	4.074
转矩常数/(N·m/Arms)	0.96	1.371
相反电势常数/(V/kr/min)	54.57	60.16
相绕组电阻/Ω	5.326	1.828
相绕组电感/mH	16.244	7.446
最大电流/A	7.5	10.5
最大转矩/(N·m)	7.2	14.4

3. HBB 系列电动机尺寸

HBB 系列电动机尺寸具体如表 5-14 所示。

表 5-14　HBB 系列电动机尺寸

型　号	L	LL	LR	LC	LA	LZ	S	LB	W	LK
110ST-M02515HEBB 110ST-M02420HEBB	214(256)	158 (200)	56	110	130	9	19	95	6	40
110ST-M03215HEBB	241(283)	185(227)	56	110	130	9	19	95	6	40
110ST-M04820HEBB 110ST-M05415HEBB	256(298)	200(242)	56	110	130	9	19	95	6	40
110ST-M06415HEBB	273(315)	217(259)	56	110	130	9	19	95	6	40

图 5-45、图 5-46 所示分别为不带刹车电动机和带刹车电动机。

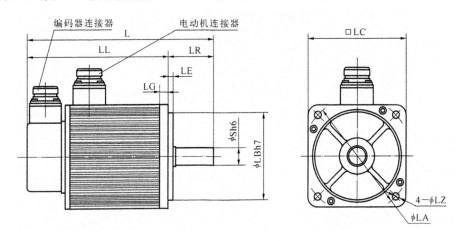

图 5-45　不带刹车电动机

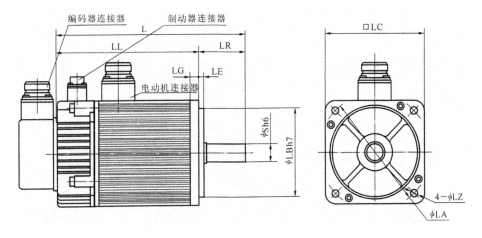

图 5-46　带刹车电动机

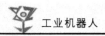

4. 编码器相位

非省线式编码器波形 CCW 如图 5-47 所示，省线式编码器波形 CCW 如图 5-48 所示。

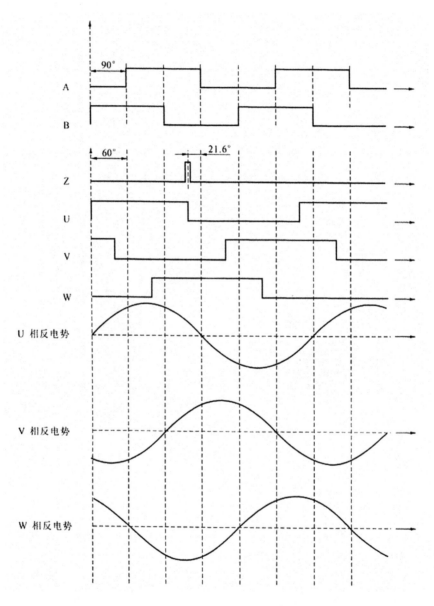

图 5-47　非省线式编码器波形 CCW（从电动机轴伸端看）

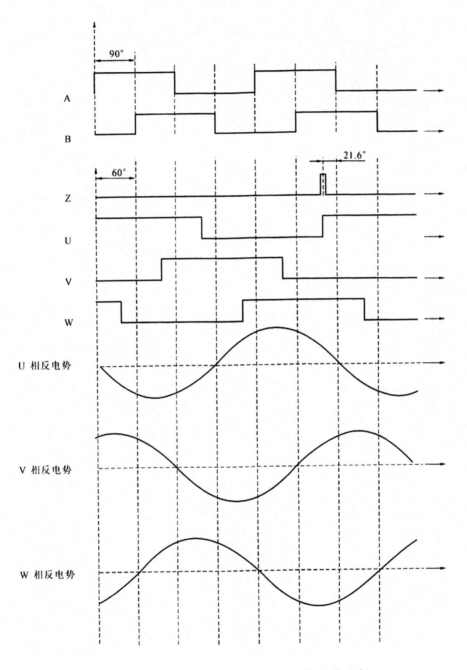

图 5-48 省线式编码器波形 CCW（从电动机轴伸端看）

三、任务实施

现场讲述 ST 系列电动机和驱动器，通过在实验平台上的应用，分门别类地了解各型号的电动机，同时掌握其安装、连接的要素。

步骤一：集合、点名、交代安全事故相关事项。

步骤二：分配 ST 系列电动机和驱动器的实验台。

步骤三：记录讲述内容，分析不同之处。

步骤四：拆卸记录，装配记录。

步骤五：完成观察报告。

第六章　工业机器人 PLC 控制

第一节　PLC 的概念

一、可编程控制器的产生及定义

1969 年,美国数字设备公司(DEC)研制出世界第一台可编程控制器,并成功地应用于美国通用汽车公司(GM)的生产线上。但当时只能进行逻辑运算,故称为可编程逻辑控制器,简称 PLC(Programmable Logic Controller)。20 世纪 70 年代后期,随着微电子技术和计算机技术的迅猛发展,使 PLC 从开关量的逻辑控制扩展到数字控制及生产过程控制域,真正成为一种电子计算机工业控制装置,故称为可编程控制器,简称 PC(Programmable Controller)。但由于 PC 容易与个人计算机(Personal Computer)相混淆,故人们仍习惯地用 PLC 作为可编程控制器的缩写。

1985 年,国际电工委员会(IEC)对 PLC 的定义如下:可编程控制器是一种进行数字运算的电子系统,是专为在工业环境下的应用而设计的工业控制器,它采用了可以编程序的存储器,用来在其内部存储执行逻辑运算、顺序控制、定时、计数和算术运算等操作的指令,并通过数字或模拟式的输入和输出,控制各种类型机械的生产过程。

PLC 是由继电器逻辑控制系统发展而来的,所以它在数学处理、顺序控制方面具有一定优势。继电器在控制系统中主要起两种作用:①逻辑运算;②弱电控制强电。PLC 是集自动控制技术、计算机技术和通信技术于一体的一种新型工业控制装置,已跃居工业自动化三大支柱(PLC、ROBOT、CAD/CAM)的首位。

二、可编程控制器的分类及特点

1. 分类

(1)从组成结构形式分

①一体化整体式 PLC。

②模块式结构化 PLC。

(2)按 I/O 点数及内存容量分

①超小型 PLC。

②小型 PLC:I/O 总点数在 256 点以下。

③中型 PLC:I/O 总点数在 256～2048 点之间。

④大型 PLC:I/O 总点数在 2 048 点以上。

⑤超大型 PLC:I/O 总点数在 8 192 点以上。

(3)按输出形式分

①继电器输出为有触点输出方式,适用于低频大功率直流或交流负载。

②晶体管输出为无触点输出方式,适用于高频小功率直流负载。

③晶闸管输出为无触点输出方式,适用于高速大功率交流负载。

2. 特点

(1)可靠性高、抗干扰能力强。

(2)编程简单、使用方便。

(3)设计、安装容易,维护工作量少。

(4)功能完善、通用性好,可实现三电一体化,PLC 将电控(逻辑控制)、电仪(过程控制)和电结(运动控制)这三电集于一体。

(5)体积小、能耗低。

(6)性能价格比高。

三、PLC 控制系统的分类

1. 集中式控制系统

集中式控制系统是用一个 PLC 控制一台或多个被控设备。主要用于输入、输出点数较少,各被控设备所处的位置比较近,且相互间的动作有一定联系的场合。其特点是控制结构简单。

2. 远程式控制系统

远程式控制系统是指控制单元远离控制现场,PLC 通过通信电缆与被控设备进行信息传递。该系统一般用于被控设备分散,或工作环境比较恶劣的场合。其特点是需要采用远程通信模块,提高了系统的成本和复杂性。

3. 分布式控制系统

分布式控制系统是采用几台小型 PLC 分别独立控制某些被控设备,然后再用通信电缆将几台 PLC 连接起来,并用上位机进行管理的系统。该系统多用于有多台被控设备的大型控制系统,其各被控设备之间有数据信息传送的场合。其特点是系统灵活性强、控制范围大,但需要增加用于通信的硬件和软件,系统更复杂。

四、PLC 的硬件结构

PLC 主要由 CPU 模块、输入模块、输出模块、电源和编程器(或编程软件)组成,CPU 模块通过输入模块将外部控制现场的控制信号读入 CPU 模块的存储器中,经过用户程序处理后,再将控制信号通过输出模块来控制外部控制现场的执行机构。如图 6-1 所示为 PLC 控制系统示意图。

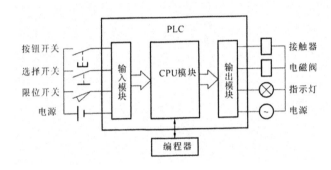

图 6-1 PLC 控制系统

1. CPU

CPU 是 PLC 的核心部件,整个 PLC 的工作过程都是在 CPU 的统一指挥和协调下进行的,CPU 的主要任务如下:

(1)接收从编程软件或编程器输入的用户程序和数据,并存储在存储器中。

(2)用扫描方式接收现场输入设备的状态和数据,并存入相应的数据寄存器或输入映像寄存器。

(3)监测电源、PLC 内部电路工作状态和用户程序编制过程中的语法错误。

(4)在 PLC 的运行状态,执行用户程序,完成用户程序规定的各种算术逻辑运算、数据的传输和存储等。

(5)按照程序运行结果,更新相应的标志位和输出映像寄存器,通过输出部件实现输出控制、制表打印和数据通信等功能。

2. 存储器

PLC 存储器包括系统存储器和用户存储器。

系统存储器固化厂家编写的系统程序,用户不可以修改,它包括系统管理程序和用户指令解释程序等。

用户存储器包括用户程序存储器(程序区)和功能存储器(工作数据区)两部分。工作数据区是外界与 PLC 进行信息交互的主要交互区,它的每一个二进制位、每一个字节单位和字单位都有唯一的地址。

系统程序存储器是存放系统软件的存储器,用户程序存储器是用来存放 PLC 用户的程序应用,数据存储器是用来存储 PLC 程序执行时的中间状态与信息,它相当于计算机的内存。

3.输入/输出接口(I/O 模块)

PLC 与工业过程相连接的接口即为 I/O 接口,I/O 接口有两个要求:一是接口有良好的抗干扰能力,二是接口能满足工业现场各类信号的匹配要求,所以接口电路一般都包含光电隔离电路和 RC 滤波电路。

输入接口是连接外部输入设备和 PLC 内部的桥梁,输入回路电源为外接直流电源。输入接口接收来自输入设备的控制信号,如限位开关、操作按钮及一些传感器的信号。通过接口电路将这些信号转换成 CPU 能识别的二进制信号,进入内部电路,存入输入映像寄存器中。运行时 CPU 从输入映像寄存器中读取输入信息进行处理。

输出接口连接被控对象的可执行元件,如接触器、电磁阀和指示灯等。它是 PLC 与被控对象的桥梁,输出接口的输出状态是由输入接口输入的数据与 PLC 内部设计的程序决定的。

4.通信接口

通信接口的主要作用是实现 PLC 与外部设备之间的数据交换(通信)。通信接口的形式多样,最基本的有 RS-232、RS-422/RS-485 等的标准串行接口。可以通过多芯电缆、双绞线、同轴电缆、光缆等进行连接。

五、可编程控制器的识别

可编程控制器由 PLC 底板、通信模板、开关量输入模块、开关量输出模块和模拟量输入/输出模块组成。

1.识别通信子模块

图 6-2 所示为 PLC 通信子模块功能及接口示意图。

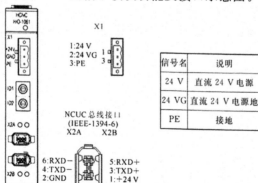

图 6-2　PLC 通信子模块功能及接口示意图

2. 识别 PLC 开关量输入子模块及相关接口

开关量输入接口电路采用光电耦合电路,将限位开关、手动开关等现场输入设备的控制信号转换成 CPU 所能接收和受理的数字信号。

开关量输入子模块包括 NPN 型(HIO-1011N)和 PNP 型(HIO-1011P)两种(图 6-3),它们的区别在于 NPN 型为低电平有效,PNP 型为高电平(+24 V)有效。每个开关量的输入子模块提供 16 个点的开关量信号输入,输入点的名称是 $X_{m.n}$,其中 X 代表输入模块,m 代表字节号,n 代表 m 字节内的位地址。GND 为接地端,用于提供标准电位。

3. 识别开关量输出子模块及相关接口

开关量输出接口将 PLC 的运算结果对外输出,由控制继电器、电磁阀等执行元件构成。开关量输出子模块(HIO-1021N)为 NPN 型(图 6-4),有效输出为低电平,否则输出为高阻状态,每个开关量输出子模块提供 16 个点的开关量信号输出,输出点的名称为 $Y_{m.n}$,其中 Y 代表输出模块,m 代表字节号,n 代表 m 字节内的位地址。GND 为接地端,用于提供标准电位。输入/输出子模块 GND 端子应该与 PLC 电路电源的电源地可靠连接。

整理好设备,将废弃材料放置于专门回收区。

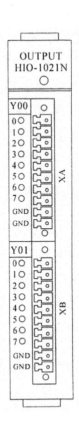

图 6-3　PLC 输入接口示意图　　　　图 6-4　PLC 输出接口示意图

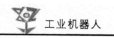

第二节　PLC 的编程语言

一、PLC 编程语言的国际标准

PLC 编程语言标准（IEC 61131-3）中有 5 种编程语言，即顺序功能图（Sequential Function Chart，SFC）、梯形图（Ladder Diagram，LD）、功能块图（Function Block Diagram，FBD）、指令表（Instruction List，IL）、结构文本（Structured Text，ST）。其中的顺序功能图、梯形图、功能块图是图形编程语言，指令表、结构文本是文字语言。

二、梯形图的主要特点

梯形图的主要特点如下：

（1）PLC 梯形图中的某些编程元件沿用了继电器这一名称。

（2）根据梯形图中各触点的状态和逻辑关系，求出图中各线圈对应元件的 ON/OFF 状态，称为梯形图的逻辑运算。

（3）梯形图中各元件的常开触点和常闭触点均可以无限次使用。

（4）输入继电器的状态唯一地取决于对应的外部输入电路的通断状态，因此在梯形图中不能出现输入继电器的线圈。

（5）辅助继电器相当于继电控制系统中的中间继电器，用来保存运算的中间结果，不对外驱动负载，负载只能由输出继电器来驱动。

三、FX 系列可编程控制器的工作原理

FX 系列 PLC 的工作模式包括运行（RUN）与停止（STOP）两种基本的工作模式。其工作过程包括内部处理阶段、通信服务阶段、输入处理阶段、程序处理阶段、输出处理阶段。

循环扫描的工作方式是 PLC 的一大特点，也可以说 PLC 是"串行"工作的，这和传统的继电器控制系统"并行"工作有质的区别，PLC 的串行工作方式避免了继电器控制系统中的触点竞争和时序失配的问题。

四、FX 系列可编程控制器的元件

PLC 内部有许多具有不同功能的元件，实际上这些元件是由电子电路和存储器组成的，常见的包括：

（1）输入继电器（X）。

（2）输出继电器（Y）。

(3)辅助继电器(M)。

(4)状态继电器(S)。

(5)定时器(T)。

(6)计数器(C)。

(7)数据寄存器(D)。

(8)变址寄存器。

(9)指针(P/I)。

其中指针(P/I)包括分支和子程序用的指针(P)以及中断用的指针(I)。

五、PLC 的编程特点

1. PLC 编程梯形图的基本原则

PLC 编程梯形图的基本原则如下:

(1)每个梯形图网络由多个梯级组成,每个输出元素可构成一个梯级,每个梯级可由多个支路组成。

(2)梯形图每一行都是从左母线开始,而且输出线圈接在最右边,输入触点不能放在输出线圈的右边。

(3)输出线圈不能直接与左母线连接。

(4)多个的输出线圈可以并联输出。

(5)在一个程序中各输出处同一编号的输出线圈若使用两次称为"双线圈输出"。双线圈输出容易引起误动作,禁止使用。

(6)PLC 梯形图中,外部输入/输出继电器、内部继电器、定时器、计数器等器件的触点可多次重复使用。

(7)梯形图中串联或并联的触点的个数没有限制,可无限次使用。

(8)在用梯形图编程时,只有在一个梯级编制完整后才能继续后面的程序编制。

(9)梯形图程序运行时其执行顺序是按从左到右、从上到下的原则。

2. 编程技巧及原则

编程技巧及原则为:上重下轻,左重右轻,避免混联。

(1)梯形图应把串联触点较多的电路放在梯形图上方。

(2)梯形图应把并联触点较多的电路放在梯形图最左边。

(3)为了输入程序方便操作,可以把一些梯形图的形式作适当变换。

3. 电动机启停控制电路梯形图

电动机启停控制电路梯形图如图 6-5 所示。

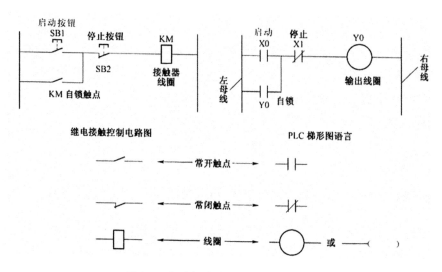

图 6-5　电动机启停控制电路梯形图

4. 指令表编程

指令表也称为语句表,是程序的另一种表示方法。语句表中的语句指令依一定的顺序排列而成。一条指令一般由助记符和操作数两部分组成,有的指令只有助记符没有操作数,称为无操作数指令。

指令表程序和梯形图程序有严格的对应关系。对指令表编程不熟悉的人可以先画出梯形图,再转换为语句表。应说明的是,程序编制完毕输入机内运行时,对简易的编程设备,不具有直接读取图形的功能,梯形图程序只有改写成指令表才能送入可编程控制器运行。

(1)触点串联指令(AND/ANI/ANDP/ANDF)。

AND 与指令:完成逻辑"与"运算。

ANI 与非指令:完成逻辑"与非"运算。

ANDP 上升沿与指令:受该类触点驱动的线圈只在触点的上升沿接通一个扫描周期。

ANDF 下降沿与指令:受该类触点驱动的线圈只在触点的下降沿接通一个扫描周期。

(2)触点并联指令(OR/ORI/ORP/ORF)。

OR 或指令:实现逻辑"或"运算。

ORI 或非指令:实现逻辑"或非"运算。

ORP 上升沿或指令:受该类触点驱动的线圈只在触点的上升沿接通一个扫描周期。

ORF 下降沿或指令:受该类触点驱动的线圈只在触点的下降沿接通一个扫描周期。

(3)自保持与解除(也称置位复位)指令(SET/RST)。

SET 自保持(置位)指令:指令使被操作的目标元件置位并保持。

RST 解除(复位)指令:指令使被操作的目标元件复位并保持清零状态。

六、实施

1. 电动机启停电路

电动机启停电路如图 6-6 所示。

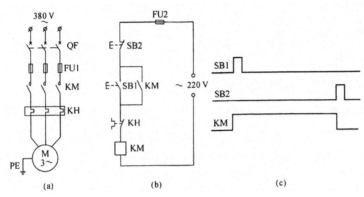

图 6-6　电动机启停电路

2. 分配 I/O 口

I/O 口的分配如表 6-1 所示

表 6-1　I/O 的输入/输出口

输　　入			输　　出		
输入继电器	输入元件	作用	输出继电器	输出元件	作用
X0	SB1	启动按钮	Y0	KM	运行用交流接触器
X1	SB2	停止按钮			
X2	KH	过载保护			

3. 完成梯形图和指令表编程

梯形图和指令表编程如图 6-7 所示。

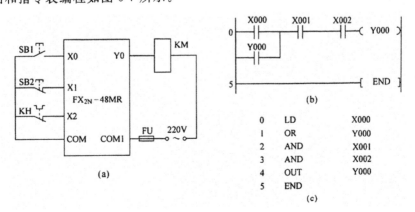

图 6-7　梯形图和指令表编程

第三节　PLC实现电动机循环正反转控制

一、计数器

计数器在程序中用作计数控制。FX2N系列PLC中的计数器可分为内部信号计数器和外部信号计数器两类。内部信号计数器是对机内元件(X、Y、M、S、T和C)的触点通断次数进行积算式计数,当计数次数达到计数器的设定值时,计数器触点动作,使控制系统完成相应的控制功能。计数器的设定值可由十进制常数(K)设定,也可以由指定的数据寄存器中的内容进行间接设定。由于机内元件信号的频率低于扫描频率,因而是低速计数器,也称普通计数器。对高于机器扫描频率的外部信号进行计数,需要用机内的高速计数器。FX系列计数器如表6-2所示。

表6-2　FX系列计数器

PLC	FX1S	FX1N	FX2N 和 FX2NC
16 位通用计数器	16(C0~C15)	16(C0~C15)	100(C0~C99)
16 位电池后备/锁存计数器	16(C16~C31)	184(C16~C199)	100(C100~C199)
32 位通用双向计数器	—	20(C200~C219)	
32 位电池后备/锁存双向计数器	—	15(C220~C234)	
高速计数器	21(C235~C255)		

1.16 位增计数器

有两种16位二进制增计数器:通用C0~C99(100点);掉电保持用C100~C199(100点)。

16位是指其设定值及当前值寄存器为二进制16位寄存器,其设定值为K1~K32,767范围内有效。设定值K0与K1意义相同,均在第一次计数时,其触点动作。

2.32 位增/减计数器

有两种32位增/减计数器:通用C200~C219(20点);掉电保持用C220~C234(15点)。

32位指其设定值寄存器为32位。由于是双向计数,32位的首位为符号位。设定值的最大绝对值为31位二进制数所表示的十进制数,即-2 147 483 648~+2 147 483 647。设定值可直接用常数K或间接用数据寄存器中的内容。间接设定时,要用元件号紧连在一起的两个数据寄存器。

计数的方向(增计数或减计数)由特殊辅助继电器M8200~M8234来设定。

二、定时器(T)

PLC 内部的定时器相当于继电器接触器电路中的时间继电器,可在程序中用于延时控制。FX 系列 PLC 的定时器通常具有以下四种类型:

(1)100 ms 定时器:T0~T199,200 点,计时范围为 0.1~3 276.7 s。

(2)10 ms 定时器:T200~T245,46 点,计时范围为 0.01~3 27.67 s。

(3)1 ms 积算定时器:T246~T249,4 点(中断动作),计时范围为 0.001~32.767 s。

(4)100 ms 积算定时器:T250~T255,6 点,计时范围为 0.1~3 276.7 s。

三、控制要求

实现正反转控制的控制要求如下:按下正转启动按钮 SB2,电动机正转 10 s,暂停 5 s,反转 10 s,暂停 5 s,如此循环 5 个周期,然后自动停止;如果按下反转启动按钮 SB3,电动机反转 10 s,暂停 5 s,正转 10 s,暂停 5 s,如此循环 5 个周期,然后自动停止;运行中,可按停止按钮停止,热继电器动作也相应停止。

四、分配 I/O 地址

分配 I/O 地址具体步骤如下:

(1)通过分析控制要求可知:该控制系统有 4 个输入,即停止按钮 SB-X0、正转启动按钮 SBl-X1,反转启动按钮 SB2-X2,电动机的过载保护 FR-X3;该控制系统有 2 个输出:电动机正转接触器 KMl-Y1、电动机正转接触器 KM2-Y2。其 I/O 接线图如图 6-8 所示。

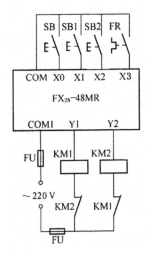

图 6-8 电动机循环正反转 I/O 接线图

(2)程序设计。电动机循环正反转控制梯形图如图 6-9 所示。

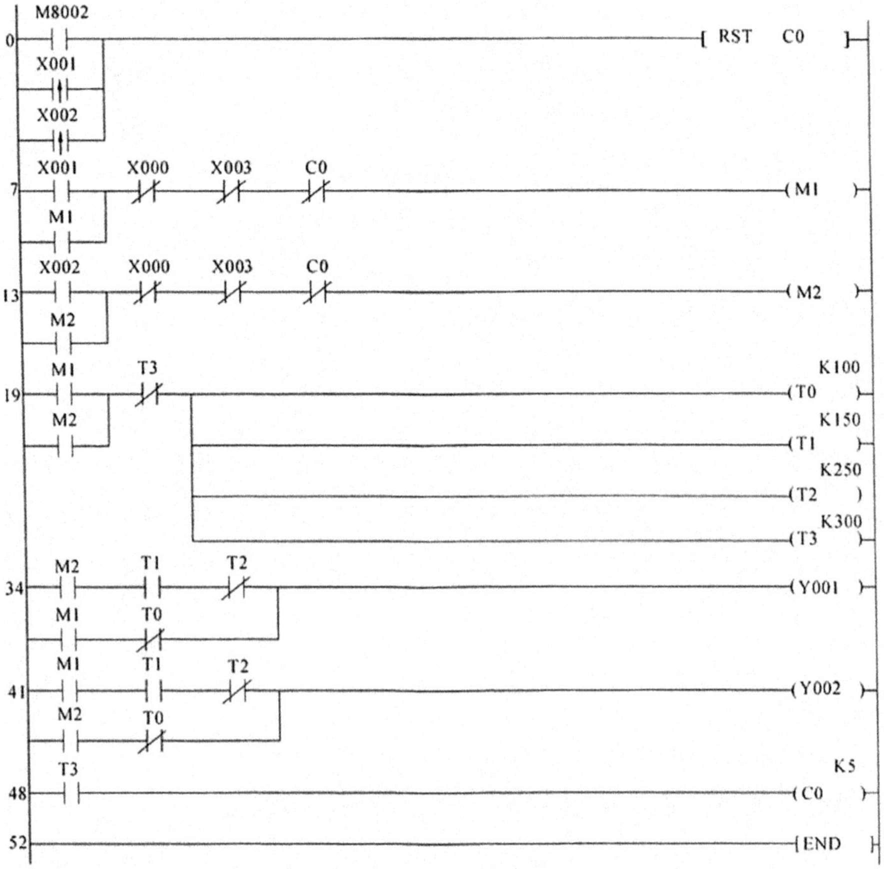

图 6-9　电动机循环正反转控制梯形图

第四节　工业机器人的 PLC 控制

一、经验设计法与顺序控制设计法

梯形图的设计方法一般为经验设计法,经验设计法没有一套固定的方法步骤可循,具有很大的试探性和随意性,对于不同的控制系统,没有一种通用的容易掌握的设计方法。

顺序控制设计法是一种先进的设计方法,很容易被初学者接受,有经验的工程师使用顺序控制设计法,也会提高设计的效率,程序调试、修改和阅读也更方便。

所谓顺序控制,就是按照生产工艺预先规定的顺序,在各个输入信号的作用下,根据内部状态和时间的顺序,生产过程的各个执行机构自动有序地进行操作。使用顺序控制设计法时,首先根据系统的工艺过程,画出顺序功能图,然后根据顺序功能图画出梯形图。

二、顺序功能图

顺序功能图由步、动作(或称命令)、有向连线、转换和转换条件五部分组成。

1. 步

顺序控制设计法最基本的思想是将系统的一个工作周期划分为若干个顺序相连的阶段,这些阶段称为步,可以用编程元件 M 和 S 来代表各步。步也分为初始步和活动步。

2. 动作(或称命令)

一个步可以有多个动作,也可以没有任何动作。

3. 有向连线

在画顺序功能图时,将代表各步的方框按它们成为活动步的先后次序顺序排列,并用有向连线将它们连接起来。

4. 转换

转换用有向连线上与有向连线垂直的短划线来表示,转换将相邻两步分隔开。

5. 转换条件

转换条件可以用文字语言、布尔代数表达式或图形符号标注在表示转换的短线旁边,使用得最多的是布尔代数表达式。

三、注意事项

注意事项具体如下:

(1)两个步之间必须用一个转换隔开,两个步绝对不能直接相连。

(2)两个转换之间必须用一个步隔开,两个转换也不能直接相连。

(3)顺序功能图中的初始步一般对应于系统等待启动的初始状态,初始步是必不可少的。

(4)自动控制系统应能多次重复执行同一工艺过程,因此在顺序功能图中一般应有由步和有向连线组成的闭环,即在完成一次工艺过程的全部操作之后,应从最后一步返回初始步,系统停留在初始状态。

(5)在顺序功能图中,只有当某一步的前级步是活动步时,该步才有可能变成活动步。如果用没有断电保持功能的编程元件代表各步(本任务中代表各步的 M0~M4),进入 RUN 工作方式时,它们均处于 OFF 状态,必须用初始化脉冲 M8002 的常开触点作为转换条件,将初始步预置为活动步,否则系统会因为顺序功能图中没有活动步而无法工作。

(6)顺序功能图是用来描述自动工作过程的,如果系统有自动、手动两种工作方式,这时还应在系统由手动工作方式进入自动工作方式时,用一个适当的信号将初始步置为活动步。

四、实施

一个将工件从左工作台（A 点）搬运到右工作台（B 点）的机械手，运动形式分为垂直和水平两个方向。机械手在水平方向可以做左右移动，在垂直方向可以做上下移动。当下降电磁阀得电时，机械手下降；当下降电磁阀断电时，机械手下降停止。只有当上升电磁阀得电时，机械手才上升；当上升电磁阀断电时，机械手上升停止。同样，左移/右移分别由左移电磁阀和右移电磁阀控制。机械手的放松/夹紧由一个单线圈两位电磁阀（称为夹紧电磁阀）控制，电磁阀线圈得电时，机械手夹紧；电磁阀线圈断电时，机械手放松。

1. I/O 分配

根据控制要求输入信号有 15 个，均为开关量，其中选择开关一个，用来确保手动操作、自动操作、回原点操作只能有一个处于接通状态；输出信号有 6 个，I/O 分配如表 6-3 所示。

表 6-3 I/O 分配表

名　称	代号	输入	名　称	代号	输入	名　称	代号	输入
下限位开关	SQ1	X1	回原点启动	SB1	X15	夹紧电磁阀	YV1	Y0
上限位开关	SQ2	X2	自动操作启动	SB2	X16	上升电磁阀	YV2	Y1
右限位开关	SQ3	X3	停止	SB3	X17	下降电磁阀	YV3	Y2
左限位开关	SQ4	X4	夹紧	SB4	X20	右移电磁阀	YV4	Y3
手动操作	SA	X10	放松	SB5	X21	左移电磁阀	YV5	Y4
回原点操作	SA	X11	手动上升	SB6	X22	原点指示	EL	Y5
单步运行	SA	X12	手动下降	SB7	X23			
单周期运行	SA	X13	手动左移	SB8	X24			
连续运行	SA	X14	手动右移	SB9	X25			

2. 接线图

机械手搬运系统接线图如图 6-10 所示。

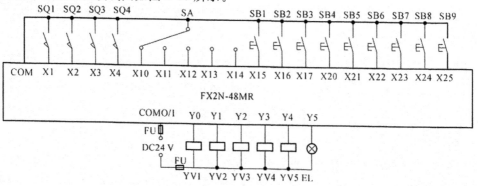

图 6-10　机械手搬运系统接线图

3. 初始化

(1)初始化如图 6-11 所示。

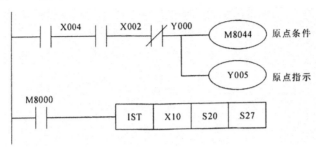

图 6-11　初始化

(2)手动操作如图 6-12 所示。

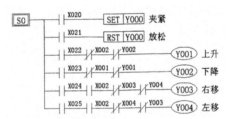

图 6-12　手动操作

(3)回原点如图 6-13 所示。

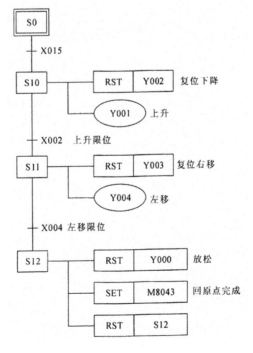

图 6-13　回原点

（4）自动操作如图 6-14 所示。

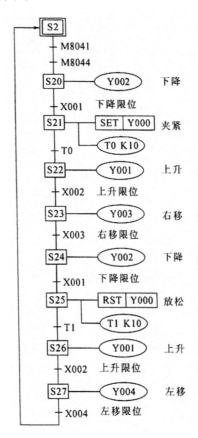

图 6-14　自动操作

第七章　机器人路径规划

机器人为了完成工作任务,不可避免地需要运动。那么机器人应该怎样运动,怎样又快又好地运动呢? 这就需要好好地进行机器人的路径规划,既节省大量机器人作业的时间,又减少机器人的磨损。机器人路径规划是机器人控制技术研究的主要问题,是机器人应用的重要技术。一个基本的机器人规划系统能自动生成一系列避免与障碍物发生碰撞的机器人动作轨迹。机器人的路径规划能力应力争最优,就是依据某个或某些优化准则(如工作代价最小、行走路线最短、行走时间最短等),在其工作空间中找到一条从起始状态到目标状态的能避开障碍物的最优路径。路径规划涉及三个方面的问题。

(1)对机器人的任务进行描述。

(2)根据所确定的轨迹参数,在计算机内部描述所要求的轨迹。

(3)对计算机内部描述的轨迹进行实际计算,计算出位置、速度、加速度等,生成相应的运动轨迹。

路径规划是根据作业任务的要求,计算出预期的运动轨迹。路径规划既可在关节空间中进行,也可在直角坐标空间中进行。良好的机器人路径规划技术能够节约人力资源,减小资金投入,为机器人在多种行业中的应用奠定良好的基础。

第一节　关节空间路径规划

人体运动离不开各个部分关节的配合,机器人也一样。工业机器人在执行某项操作作业时,往往会附加一些约束条件,如沿指定的路径运动,这就要对机器人的运动路径进行规划和协调。运动路径规划的好坏直接影响机器人的作业质量,如当关节变量的加速度在规划中发生突变时,将会产生冲击。在关节空间中进行路径规划是指将所有关节量表示为时间的函数,用这些关节函数及其一阶、二阶导数描述机器人预期的运动。如对抓放作业(Pick and Place Operation)的机器人,就比较适合于关节空间进行规划。因此我们只需要描述它的起始状态(或起始点)和目标状态(或终止点),而不考虑两点之间的运动路径。

一、插值法

机器人关节空间轨迹规划常用的方法是插值法。该方法是利用函数 $f(x)$ 在某区间中已知若干点函数值，做出适当的特定函数，在区间的其他点上用这个特定函数的值作为函数 $f(x)$ 的近似值，如图 7-1 所示。首先，插值问题的提法：假定区间 $[a,b]$ 上的实值函数 $f(x)$ 在该区间上，$n+1$ 个互不相同点 $x_0, x_1, \cdots,$ x_n 处的值是 $f(x_0), f(x_1), \cdots, f(x_n)$，要求估算 $f(x)$ 在 $[a,b]$ 中某点的值。其做法是：在事先选定的一个由简单函数构成的有 $n+1$ 个参数 $c_0, c_1, \cdots, c_n$ 的函数类 $\Phi(c_0, c_1,$

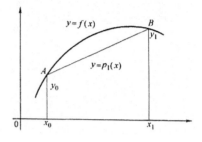

图 7-1 插值表

$\cdots, c_n)$ 中求出满足条件 $p(x_i) = f(x_i)(i = 0,1,\cdots,n)$ 的函数 $p(x)$，并以 $p(x)$ 作为 $f(x)$ 的估值。当估算点属于包含 $x_0, x_1, \cdots, x_n$ 的最小闭区间时，相应的插值称为内插，否则称为外插。多项式插值是最常见的一种函数插值。

在一般插值问题中，若选取 Φ 为 n 次多项式类，由插值条件可以唯一确定一个 n 次插值多项式满足上述条件。从几何上看可以理解为：已知平面上 $n+1$ 个不同点，要寻找一条 n 次多项式曲线通过这些点。

插值法有抛物线过渡线性插值、三次多项式插值、五次多项式插值及 B 样条插值法。这里主要分析三次多项式插值法和五次多项式插值法。

1. 三次多项式插值法

三次多项式与其一阶导数函数，总计有四个待定系数，对起始点和目标点两者的角度、角加速度同时给出约束条件，可以对通过空间的 n 个点进行分析并进行轨迹规划，让速度和加速度在运动过程中保持轨迹平滑。本算法可以实现对 $n-1$ 段中的每一段三次多项式系数求解，为了方便，对其进行归一化处理。

（1）时间标准化算法：根据三次多项式轨迹规划流程，对每个关节进行轨迹规划时需要对 $n-1$ 段的轨迹进行设计，为了能对 $n-1$ 个轨迹规划方程进行同样处理，首先设计时间标准化算法将时间进行处理，经过处理后的时间 $t \in [0,1]$。

首先定义：t 为标准化时间变量，$t \in [0,1]$；τ 为未标准化时间，单位为秒；τ_i 为第 i 段轨迹规划结束的未标准化时间，$\tau_i = \tau - \tau_{i-1}$，则机械臂执行第 i 段轨迹所需要的实际时间为：

$$t = (\tau - \tau_{i-1})/(\tau_i - \tau_{i-1})$$

其中：

$$\tau \in [\tau_{i-1}, \tau_i], t \in [0,1]$$

时间归一化后的三次多项式为：

$$y = A_0 + A_1 t + A_2 t^2 + A_3 t^3$$

（2）机械臂轨迹规划算法实现过程：

①已知初始位置为 θ_1。

②给定初始速度为 0。

③已知第一个中间点位置 θ_2，它也是第一运动段三次多项式轨迹的终点。

④为了保证运动的连续性，需要设定 θ_2 所在点为三次多项式轨迹的起点，以确保运动的连续。

⑤为了保证 θ_2 处速度连续，三次多项式在 θ_2 处一阶可导。

⑥为了保证 θ_2 处加速度连续，三次多项式在 θ_2 处二阶可导。

⑦依此类推，每一个中间点的位置 $\theta_i[2 < i < (n-1)]$ 一定要在其原运动段轨迹的终点，并且也是它后运动段的起点。

⑧ θ_{i+1} 的速度保持连续。

⑨ θ_{i+1} 的加速度保持连续。

⑩终点位置 θ_n 给定终点速度，设其为 0。

（3）约束条件：

第一个三次曲线为：
$$\theta(t) = a_{10} + a_{11}t + a_{12}t^2 + a_{13}t^3$$

第二个三次曲线为：
$$\theta(t) = a_{20} + a_{21}t + a_{22}t^2 + a_{23}t^3$$

第三个三次曲线为：
$$\theta(t) = a_{30} + a_{31}t + a_{32}t^2 + a_{33}t^3$$

$$\cdots\cdots$$

第（$n-1$）个三次曲线为：
$$\theta(t) = a_{(n-1)0} + a_{(n-1)1}t + a_{(n-1)2}t^2 + a_{(n-1)3}t^3$$

在同一时间段内，三次曲线每次的起始时刻 $t = 0$，停止时刻 $t = t_n$，其中 $i = 1, 2, \cdots, n$。

在标准化时间 $t = 0$ 处，设定 θ_1 为第一条三次多项式运动段的起点，可以得出：
$$\theta_1 = a_{10}$$

在标准化时间 $t = 0$ 处，三次多项式运动段第一条的初始速度是已知变量，所以得出：
$$\dot{\theta}_1 = a_{11} = 0$$

第一中间点的位置 θ_2 与第一条三次多项式运动段在标准化时间 $t = t_n$ 时的终点相同，所以可以得出：
$$\theta_2 = a_{10} + a_{11}t_{f1} + a_{12}t_{f1}^2 + a_{13}t_{f1}^3$$

第一中间点的位置 θ_2 与第一运动段在标准化时间 $t = 0$ 时的起点相同，所以得出：
$$\theta_2 = a_{20}$$

三次多项式在 θ_2 处一阶可导,因此可得出:

$$\dot{\theta}_2 = a_{11} + 2 a_{12} t_{f1} + 3 a_{13} t_{f1}^2 = a_{21}$$

三次多项式在 θ_2 处二阶可导,因此可得出:

$$\ddot{\theta}_2 = 2 a_{12} + 6 a_{13} t_{f1} = a_{22}$$

第二个空间点的位置 θ_3 与第二运动段在标准化时间 t_{12} 时的终点相同,所以有:

$$\theta_3 = a_{20} + a_{21} t_{f2} + a_{22} t_{f2}^2 + a_{23} t_{f2}^3$$

第二个中间点的位置 θ_3 应与第三运动段在标准化时间 $t=0$ 时的起点相同,所以有:

$$\theta_3 = a_{30}$$

三次多项式在 θ_3 处一阶可导,从而有:

$$\dot{\theta}_3 = a_{21} + 2 a_{22} t_{f2} + 3 a_{23} t_{f2}^2 = a_{31}$$

三次多项式在 θ_3 处二阶可导,从而有:

$$\ddot{\theta}_3 = 2 a_{22} + 6 a_{23} t_{f2} = a_{32}$$

……

第($n-2$)个中间点的位置 θ_{n-1} 和第($n-1$)运动段在标准化时间 $t_{f(n-2)}$ 时的终点相同,所以有:

$$\theta_{n-1} = a_{(n-2)0} + a_{(n-2)1} t_{f(n-2)} + a_{(n-2)2} t_{f(n-2)}^2 + a_{(n-2)} t_{f(n-2)}^3$$

第($n-2$)个中间点的位置 θ_{n-1} 应与下一运动段在标准化时间 $t=0$ 时的起点位置相同,所以有:

$$\theta_{(n-1)} = a_{(n-1)0}$$

三次多项式在第($n-2$)个中间点处一阶可导,从而

$$\dot{\theta}_{(n-1)} = a_{(n-2)1} + 2 a_{(n-2)2} t_{f(n-2)} + 3 a_{(n-2)3} t_{f(n-2)}^2 = a_{(n-1)1} \tag{7-1}$$

三次多项式在第($n-2$)个中间点处二阶可导,从而

$$\ddot{\theta}_{(n-1)} = 2 a_{(n-2)2} + 6 a_{(n-2)3} t_{f(n-2)} = 2 a_{(n-1)2} \tag{7-2}$$

由此得出所有轨迹终点在标准化时间 t_n 时的位置 θ_n 为:

$$\theta_n = a_{(n-1)0} + a_{(n-1)1} t_{fn} + a_{(n-1)2} t_{fn}^2 + a_{(n-1)3} t_{fn}^3 \tag{7-3}$$

因此可以得出所有轨迹终点在标准化时间 t_n 时的速度 θ_n 为:

$$\dot{\theta}_n = a_{(n-1)1} + 2 a_{(n-1)2} t_{fn} + 3 a_{(n-1)3} t_{fn}^2 \tag{7-4}$$

将以上公式改写为矩阵:

$$[C] = [M]^{-1}[\theta]$$

由该矩阵计算 $[M]^{-1}$ 可以求出轨迹规划的全部参数,($[\theta]$ 由五轴机械臂运动学逆解求出)于是求得($n-1$)段的运动方程,从而使五轴机械臂末端执行器经过所给定的位置坐标。

通过以上分析可以确定机械臂在满足速度要求的两个位姿之间运动时各个关节轴的角度变化曲线。如图 7-2 所示,机械臂某关节角在 4 s 内由初始点 A 经过中间点 B 到达终点 C 的变化情况。三个位置点的角度和角速度变化曲线如下:

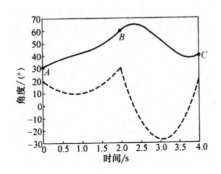

图 7-2　三次多项式插值法

$$\theta_A = 30° \quad \theta_B = 60° \quad \theta_C = 40°$$

$$\dot{\theta}_A = 30°/s \quad \dot{\theta}_B = 30°/s \quad \dot{\theta}_C = 20°/s$$

图 7-2 中实线为角度变化曲线,虚线为角速度变化曲线。角度曲线平滑,而角速度曲线在中间点处出现突变。

2. 五次多项式插值法

五次多项式共有 6 个待定系数,要想 6 个系数得到确定,至少需要 6 个条件。五次多项式可以看作是关节角度的时间函数,因此其一阶可导和二阶可导分别可以看作是关节角速度和关节角加速度的时间函数。五次多项式及一阶、二阶导数公式为:

$$\theta_{(t)} = C_0 + C_1 t + C_2 t^2 + C_3 t^3 + C_4 t^4 + C_5 t^5 \tag{7-5}$$

$$\dot{\theta}_{(t)} = C_1 + 2C_2 t + 3C_3 t^2 + 4C_4 t^3 + 5C_5 t^4 \tag{7-6}$$

$$\ddot{\theta}_{(t)} = 2C_2 + 6C_3 t + 12C_4 t^2 + 20C_5 t^3 \tag{7-7}$$

为了求得待定系数 $C_0, C_1, C_2, C_3, C_4, C_5$,对起始点和目标点同时给出关于角度和角加速度的约束条件为:

$$\theta_{(t_0)} = C_0 + C_1 t_0 + C_2 t_0^2 + C_3 t_0^3 + C_4 t_0^4 + C_5 t_0^5 \tag{7-8}$$

$$\theta_{(t_f)} = C_0 + C_1 t_f + C_2 t_f^2 + C_3 t_f^3 + C_4 t_f^4 + C_5 t_f^5 \tag{7-9}$$

$$\dot{\theta}_{(t_0)} = C_1 + 2C_2 t_0 + 3C_3 t_0^2 + 4C_4 t_0^3 + 5C_5 t_0^4 \tag{7-10}$$

$$\dot{\theta}_{(t_f)} = C_1 + 2C_2 t_f + 3C_3 t_f^2 + 4C_4 t_f^3 + 5C_5 t_f^4 \tag{7-11}$$

$$\ddot{\theta}_{(t_0)} = 2C_2 + 6C_3 t_0 + 12C_4 t_0^2 + 20C_5 t_0^3 \tag{7-12}$$

$$\ddot{\theta}_{(t_f)} = 2C_2 + 6C_3 t_f + 12C_4 t_f^2 + 20C_5 t_f^3 \tag{7-13}$$

式中：$\theta_{(t_0)}$、$\theta_{(t_f)}$ ——起始点和目标点的关节角；

$\dot{\theta}_{(t_0)}$、$\dot{\theta}_{(t_f)}$ ——起始点和目标点的关节角速度；

$\ddot{\theta}_{(t_0)}$、$\ddot{\theta}_{(t_f)}$ ——起始点和目标点的关节角加速度。

将起始时间设为 0，即 $t_0 = 0$ 得到解为：

$$
\begin{cases}
C_0 = \theta_0 \\[4pt]
C_1 = \dot{\theta}_0 \\[4pt]
C_2 = \dfrac{\ddot{\theta}_0}{2} \\[10pt]
C_3 = \dfrac{20\theta_f - 20\theta_0 - (8\dot{\theta}_f + 12\dot{\theta}_0)t_f - (3\ddot{\theta}_0 - \ddot{\theta}_f)t_f^2}{2\,t_f^3} \\[12pt]
C_4 = \dfrac{30\theta_0 - 30\theta_f - (14\dot{\theta}_f + 16\dot{\theta}_0)t_f - (3\ddot{\theta}_0 - 2\ddot{\theta}_f)t_f^2}{2\,t_f^4} \\[12pt]
C_5 = \dfrac{12\theta_f - 12\theta_0 - (6\dot{\theta}_f + 6\dot{\theta}_0)t_f - (\ddot{\theta}_0 - \ddot{\theta}_f)t_f^2}{2\,t_f^5}
\end{cases}
\tag{7-14}
$$

为了与三次多项式关节插值算法的效果形成对比，同样要求机械臂从起始点开始运动，经过 4 s 到达终点，起始点和目标点的关节角速度为 0。中间点的关节角加速度还可以对相邻两段轨迹角加速度进行平均值求解，使该值为中间点的瞬时加速度。将结果与三次多项式插值进行对比，发现三个位置点的速度、角速度两种方法相同，同时增加角加速度约束，则有：

$$\theta_A = 30° \qquad \theta_B = 60° \qquad \theta_C = 40°$$

$$\dot{\theta}_A = 30°/s \qquad \dot{\theta}_B = 30°/s \qquad \dot{\theta}_C = 20°/s$$

$$\ddot{\theta}_A = 2/s^2 \qquad \ddot{\theta}_B = 4/s^2 \qquad \ddot{\theta}_C = 2°/s^2$$

如图 7-3 所示，图中实线表示角度变化曲线，虚线表示角速度变化曲线，点线则表示角加速度曲线。其中角度和角速度曲线相对平滑一些，而角加速度曲线在中间点处变化稍大。因此，采用多项式插值法虽然计算量有所增加，但是其关节空间轨迹平滑、运动稳定，而且阶数越高满足的约束项就越多。

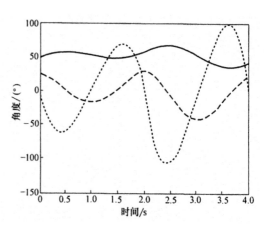

图 7-3　五次多项式插值法

二、实时轨迹插补算法

焊接机器人作为工业机器人的一种,应用非常广泛,其所占比例为工业机器人 1/2 左右,如图 7-4 所示。焊接机器人主要有点焊机器人和弧焊机器人两类。点焊机器人主要用在汽车行业,而弧焊机器人在汽车、船舶、铁路车辆、锅炉容器、金属制造、建筑机械和家用电器等行业的应用较为广泛。实时轨迹插补算法适用于焊接机器人关节路径规划。

图 7-4　焊接机器人

实时轨迹插补算法是为解决焊接机器人实际应用中的电弧跟踪实时偏差补偿和轨迹插补过程中的实时调速而提出的,它主要通过控制路径方向和法向量方向实现上述功能。在路径方向施加控制方面,通过实时控制运行加速度、速度和位置,在控制机器人运行的同时,生成机器人运动轨迹,从而实现轨迹插补过程中的调速和暂停功能。

实时轨迹插补算法通过对给定的速度、加速度和轨迹插补方程信息以及上一插补点的速度、位移信息运用一定的方式进行处理,得到下一个插补点的信息。在插补计算过程中,为路径方向和法向量方向都保留了接口,所以可以实现对机器人运动的实时控制。关节空间规划方法通过优化分析各个关节速度和关节角速度,得到调用实时轨迹插补算法所用到的约束输入量;通过调用实时轨迹插补算法能够得到下一步的运动速度、位移量;通过关节角度处理模块得到机器人各个关节角度值,发送到下位机控制机器人用于实际运行。

三、轨迹规划方法要求及实现的步骤

1. 方法要求

在关节空间轨迹规划中,机器人必须满足以下要求:

(1)机器人各个关节的运动时间相同,即同时开始运动同时终止运动,规划轨迹要求连续平稳。

(2)机器人各个关节的运动速度要连续。

(3)能够在运动过程完成机器人当前轨迹插补的同时,实现控制机器人运行轨迹和状态。

2. 实现步骤

关节空间轨迹规划方法主要完成对关节速度的处理、关节加速度的处理、与实时轨迹插补算法的结合和关节角度的处理,关节空间轨迹规划方法的实现步骤如下:

(1)设定始末点关节角度值、各个关节运行速度和加速度值。

（2）根据速度处理模块,选定插补用到的关节角度差 s 和关节速度 v。

（3）根据加速度处理模块,选定插补用到的关节加速度 a。

（4）调用实时轨迹插补算法,实时控制下一步的速度和位置。

（5）根据关节角度处理模块,得到下一步的关节角度值。

第二节　直角坐标空间路径规划

关节空间的轨迹规划是对单个轴的规划,由于机器人机构的特殊性,关节空间规划不能保证特定的轨迹。如果对于那些路径、姿态有严格要求的作业,如弧焊作业,就必须在笛卡尔坐标系内进行规划。

笛卡尔坐标系就是直角坐标系和斜角坐标系的统称。相交于原点的两条数轴,构成了平面放射坐标系。若两条数轴上的度量单位相等,则称此放射坐标系为笛卡尔坐标系。两条数轴互相垂直的笛卡尔坐标系,称为笛卡尔直角坐标系,否则称为笛卡尔斜角坐标系。

由于末端执行器的位姿都是时间的函数,所以对路径轨迹的空间形状有一定的设计要求,这需要相应的机器人轨迹插补算法和逆运动学计算来确定一个机器人的各关节角,以实现要求的空间轨迹。

直线插补和圆弧插补是机器人轨迹规划系统中不可缺少的基本插补算法,也是机器人轨迹规划中最常用的规划方法。

一、直线插补

直线插补及梯形速度控制方法如图 7-5 所示。

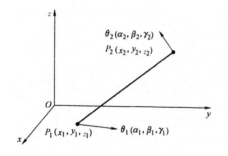
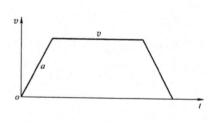

图 7-5　直线插补及梯形速度控制方法

在图 7-5 中,始点坐标和姿态为 $P_1(x_1,y_1,z_1)$、$\theta_1(\alpha_1,\beta_1,\gamma_1)$,终点坐标和姿态为 $P_2(x_2,y_2,z_2)$、$\theta_2(\alpha_2,\beta_2,\gamma_2)$,开始时的加速段或结束时的减速段(加速段与减速段具有对称性)的加速度为 a,直线段运动的速度为 v。

直线插补流程如图 7-6 所示。

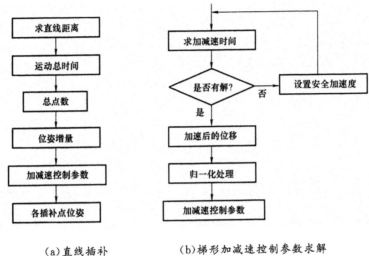

（a）直线插补　　　　　　　　（b）梯形加减速控制参数求解

图 7-6　直线插补流程

二、圆弧插补

圆弧插补的方法如图 7-7 所示，圆弧三点坐标 $P_1(x_1,y_1,z_1)$、$P_2(x_2,y_2,z_2)$、$P_3(x_3,y_3,z_3)$，姿态为 $\theta_1(\alpha_1,\beta_1,\gamma_1)$、$\theta_2(\alpha_2,\beta_2,\gamma_2)$、$\theta_3(\alpha_3,\beta_3,\gamma_3)$，始末加速段加速度为 α，中间段速度为 v。

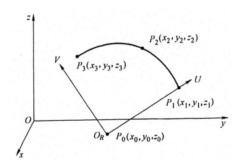

图 7-7　圆弧插补的方法

1. 判断三点共线

利用向量 $\overrightarrow{P_1P_2}$ 和向量 $\overrightarrow{P_2P_3}$ 叉乘来判断。

2. 三平面法求圆心和半径

P_1、P_2 和 P_3 点确定的平面 M：

$$\begin{vmatrix} x-x_3 & y-y_3 & z-z_3 \\ x_1-x_3 & y_1-y_3 & z_1-z_3 \\ x_2-x_3 & y_2-y_3 & z_2-z_3 \end{vmatrix} = 0$$

过 $P_1 P_2$ 中点且与之垂直的平面 T：

$$\left[x - \frac{1}{2}(x_1 + x_2) \right](x_2 - x_1) + \left[y - \frac{1}{2}(y_1 + y_2) \right](y_2 - y_1) + \left[z - \frac{1}{2}(z_1 + z_2) \right](z_2 - z_1) = 0$$

过 $P_2 P_3$ 中点且与之垂直的平面 S：

$$\left[x - \frac{1}{2}(x_2 + x_3) \right](x_3 - x_2) + \left[y - \frac{1}{2}(y_2 + y_3) \right](y_3 - y_2) + \left[z - \frac{1}{2}(z_2 + z_3) \right](z_3 - z_2) = 0$$

联立三个平面方程,用消去法可求得圆心,在求解过程中要讨论 6 种情况(即消去过程中分母不能为零的 6 种情况)。

求半径:

$$r = \sqrt{(x_1 - x_0)^2 + (y_1 - y_0)^2 + (z_1 - z_0)^2}$$

3. 求变换矩阵

以圆心 P_0 为原点 O_R 建立坐标系,以 $\overrightarrow{P_0 P_1}$ 方向为 U 轴,其单位方向矢量为:

$$u = \frac{\overrightarrow{P_0 P_1}}{|P_0 P_1|}$$

W 轴为与向量 $\overrightarrow{P_1 P_2}$ 和 $\overrightarrow{P_2 P_3}$ 相垂直的方向,单位方向矢量为:

$$w = \frac{\overrightarrow{P_1 P_2} \times \overrightarrow{P_2 P_3}}{|\overrightarrow{P_1 P_2} \times \overrightarrow{P_2 P_3}|}$$

v 轴按右手法则来定,其单位方向矢量为:

$$v = w \times u$$

因此,变换矩阵如下:

$$T_R = \begin{pmatrix} u_x & v_x & w_x & p_{ox} \\ u_y & v_y & w_y & p_{oy} \\ u_z & v_z & w_z & p_{oz} \\ 0 & 0 & 0 & 1 \end{pmatrix}$$

逆矩阵如下:

$$\boldsymbol{T}_R^{-1} = \begin{pmatrix} \boldsymbol{R}^T & -\boldsymbol{R}^T \boldsymbol{P}_0 \\ \boldsymbol{0} & \boldsymbol{1} \end{pmatrix}$$

其中:

$$\boldsymbol{R} = \begin{pmatrix} u_x & v_x & w_x \\ u_y & v_y & w_y \\ u_z & v_z & w_z \end{pmatrix}$$

4. 将各点转换为新坐标

$u_0 = v_0 = w_0 = w_1 = w_2 = w_3 = 0$，半径 $r = u_1$

$$\begin{pmatrix} u_1 \\ v_1 \\ w_1 \\ 1 \end{pmatrix} = \boldsymbol{T}_R^{-1} \begin{pmatrix} x_1 \\ y_1 \\ z_1 \\ 1 \end{pmatrix}$$

$$\begin{pmatrix} u_2 \\ v_2 \\ w_2 \\ 1 \end{pmatrix} = \boldsymbol{T}_R^{-1} \begin{pmatrix} x_2 \\ y_2 \\ z_2 \\ 1 \end{pmatrix}$$

$$\begin{pmatrix} u_3 \\ v_3 \\ w_3 \\ 1 \end{pmatrix} = \boldsymbol{T}_R^{-1} \begin{pmatrix} x_3 \\ y_3 \\ z_3 \\ 1 \end{pmatrix}$$

5. 平面圆弧插补

运用平面圆弧插补法进行插补时会产生新的坐标，平面圆弧插补的新坐标如图 7-8 所示。在平面 $O_R - UV$ 内进行圆弧插补，θ_0 圆弧的弧度为：

$$\theta_0 = \begin{cases} \text{Atan2}(v_3, u_3) & v_3 > 0 \\ \pi & v_3 = 0 \\ 2\pi + \text{Atan2}(v_3, u_3) & v_3 < 0 \end{cases}$$

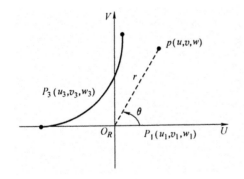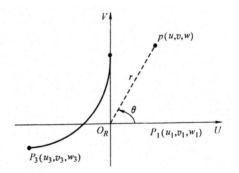

图 7-8　平面圆弧插补的新坐标

p 点为圆弧上任一点，弧度为 θ，则有：

$$\theta = \lambda \theta_0$$

则插补点坐标为：

$$\begin{cases} u = r\cos(\theta) \\ v = r\sin(\theta) \\ w = 0 \end{cases}$$

6. 插补点原坐标系坐标

p 点在原坐标系中的坐标 (x, y, z) 为：

$$\begin{bmatrix} x \\ y \\ z \\ 1 \end{bmatrix} = \boldsymbol{T}_R \begin{bmatrix} u \\ v \\ w \\ 1 \end{bmatrix}$$

7. 姿态的求解

姿态各轴的增量为：

$$\begin{cases} \Delta\alpha = \alpha_3 - \alpha_1 \\ \Delta\beta = \beta_3 - \beta_1 \\ \Delta\gamma = \gamma_3 - \gamma_1 \end{cases}$$

可得插补点姿态如下：

$$\begin{cases} \alpha = \alpha_1 + \lambda\Delta\alpha \\ \beta = \beta_1 + \lambda\Delta\beta \\ \gamma = \gamma_1 + \lambda\Delta\gamma \end{cases}$$

圆弧插补流程如图 7-9 所示。

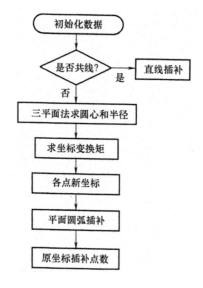

图 7-9　圆弧插补流程

三、连续直线路径轨迹

在直线插补规划中,起动加速停止减速,若连续直线运动,则再起动运动到下一点,这样使电动机不停地起动和停止,引起较大的振动和磨损。为避免出现这种问题,可用圆弧过渡的方法将相邻直线连接,完成平滑匀速过渡。

连续直线路径轨迹如图 7-10 所示,设共有 $i(i=0,1,2,\cdots,n)$ 个点,坐标为 (x_i,y_i,z_i),加速段和减速段的加速度为 a,直线段期望速度为 v,频率为 f,圆弧过渡的精度为 re。$P_0 B_1^1$ 为第一段直线加速段;$B_1^1 B_2^1$ 为第一段直线匀速段;$B_2^1 E_1^1$ 为第一段直线减速段;$E_1^1 E_2^1$ 为第一段过渡圆弧;$E_2^1 B_1^2$ 为第二段直线加速段;$B_1^2 B_2^2$ 为第二段直线匀速段,其余类推。

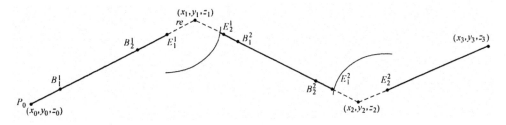

图 7-10　连续直线路径轨迹

第三节　移动机器人路径规划

移动机器人(图 7-11)路径规划的研究起始于 20 世纪 70 年代,目前对这一问题的研究仍然十分活跃,国内外学者做了大量工作,提出了很多种路径规划的方法。比较经典的方法有可视图法、切线图法、Voronoi 图法、人工势场法、极坐标直方图法、矢量场法、基于碰撞传感器的沿墙走法等。近十几年来,一些智能的方法如模糊逻辑算法、神经网络法、遗传算法等也用于路径规划。

图 7-11　移动机器人

路径规划是指在有障碍物的环境中规划一条从机器人的起始位置到目标位置的路径,这在自主移动机器人导航中起着重要作用。移动机器人的路径规划是机器人智能控制应用中的一项重要技术,是移动机器人导航技术中不可缺少的重要组成部分,路径规划是移动机器人完成任务的安全保障,同时也是移动机器人智能化程度的重要标志。

一、慎思式规划方法

慎思式路径规划又称为全局路径规划,它产生使机器人从当前位置沿着一条预先定义好的全局路径运动到目标位置的指令。慎思式路径规划利用已知的环境地图使机器人在有静态障碍物的环境中运动,在已知的环境地图中找出从起始点到目标点的符合一定性能的可行或最优的路径。它涉及的根本问题是世界模型的表达和搜寻策略。这条全局路径是考虑到环境中的已知的或静态的障碍物规划出来的。

全局路径规划所用的方法是依赖于环境地图表示形式。最简单的地图表示形式是占据栅格法,环境被分解成一系列栅格,每个栅格根据其内是否有障碍物被标记为空闲或已占据。全局路径规划的方法有可视图法、切线图法、Voronoi 图法和人工势场法等。

1. 可视图法

如图 7-12 所示,可视图法将机器人看作一个点,相应地将障碍物边界向外扩张从机器人中心到边缘的最大距离。将机器人、目标点和多边形障碍物的各顶点进行组合连接,要求机器人和障碍物各顶点之间、目标点和障碍物各顶点之间以及各障碍物顶点与顶点之间的连线,均不能穿越障碍物,即直线是可视的,如图 7-13 所示。搜索最优路径的问题就转化为从起始点到目标点经过这些可视直线的最短距离问题,如图 7-14 所示。可视图法能够求得最短路径,但这种方法使得机器人通过障碍物顶点时离障碍物太近,甚至可能会发生碰撞并且搜索时间较长。

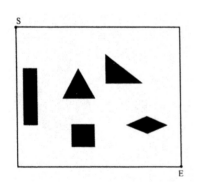

图 7-12　含有障碍物的规划空间

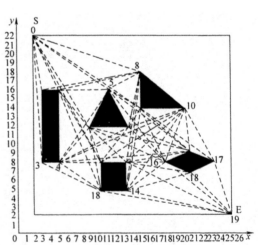

图 7-13　所有可能连接的路径

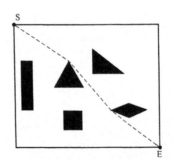

图 7-14　计算后得出最优路径

2. 切线图法和 Voronoi 图法

切线图法和 Voronoi 图法对可视图法进行了改进。切线图法是用障碍物的切线表示弧,因此,切线图表示的是从起始点到目标点的最短路径。但切线图法的缺点是它也使得移动机器人几乎接近障碍物行走,如果控制过程中产生位置误差,移动机器人碰撞的可能性很高。Voronoi 图法是用尽可能远离障碍物和墙壁的路径表示弧,采用这种方法时,即使产生位置误差,移动机器人也不会碰撞到障碍物,但这样将会使得从起始节点到目标节点的路径变长。

3. 人工势场法

人工势场法最早是由 Khatib 提出的,其基本思想是将移动机器人在环境中的运动视为一种虚拟人工受力场中的运动。目标点产生引力势场,障碍物产生斥力势场,引力势场和斥力势场合成总的势场,如图 7-15 所示。总的势场的梯度作为推动机器人运动的力,来控制机器人的运动方向和速度大小,使得机器人绕过障碍物。该法结构简单,便于低层的实时控制,在实时避障和平滑的轨迹控制方面,得到了广泛应用。其不足之处在于存在局部极小值,容易使机器人产生前后摆动现象,因而可能使移动机器人在到达目标点之前就停留在局部极小值,如图 7-16 所示。为解决局部极小值问题,已经研究出一些改进算法,如 Sato 提出的 Laplace 势场法,改进算法是通过在数学方法上合理定义势场方程来保证势场中不存在局部极值;还有一种改进就是当机器人陷入摆动状态后,让机器人沿着斥力的法向量方向沿墙行走。

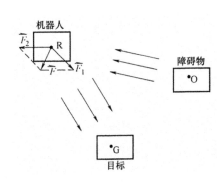

图 7-15 人工势场中机器人的受力情况

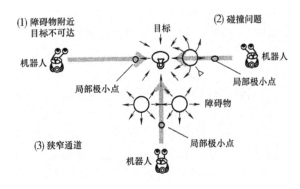

图 7-16 二维人工势场环境下局部极小点问题

二、反应式规划方法

反应式规划又称为局部路径规划,它产生使机器人避开未知的或动态的障碍物从而安全地到达目标位置的指令。反应式路径规划不产生一条连接起始点到目标点的路径,它更多地强调动态避障,这就使得机器人有可能陷在一个复杂的障碍物中而不能到达目标地点。慎思式路径规划建立一条从机器人到目标点的全局路径,因此结合两

者的混合式路径规划利用预先定义的路径来指导局部运动规划。这样机器人沿着预先定义的路径或路径点向目标前进,利用局部路径规划来躲避沿途遇到的动态障碍物。

反应式路径规划不利用预先定义好的全局路径来导航,而是利用实时的传感器数据进行局部路径规划。例如,反应式路径规划利用距离和视觉信息无碰撞地到达目标位置。有很多种反应式路径规划方法,下面介绍极坐标直方图法、基于碰撞传感器的沿墙走法和矢量场法。

1. 极坐标直方图法

极坐标直方图法利用极坐标下的障碍物密度来搜索最安全的运动方向。例如,利用传感器数据(即离障碍物的距离)的倒数的加权平均值来计算每个传感器所在方向上的障碍物密度。当没有障碍物时机器人朝着目标位置运动。

2. 基于碰撞传感器的沿墙走法

基于碰撞传感器的沿墙走法利用碰撞传感器来探测非常近距离上的障碍物。如果机器人在朝目标前进的过程中撞上障碍物,那么沿着障碍物的边缘走,否则直接朝着目标走。

3. 矢量场法

矢量场法是人工势场法的变形,它的基本思想和人工势场法相同。

三、混合规划算法

混合规划算法结合慎思式和反应式规划方法使机器人沿着预先定义的路径运动,又要躲避运动过程中遇到的动态障碍物从而安全地到达目标位置。

四、移动机器人路径规划的趋势

移动机器人的路径规划方法在完全已知环境中能得到令人满意的结果,但在未知环境特别是存在各种不规则障碍物的复杂环境中,却很可能失去效用。所以如何快速有效地完成移动机器人在复杂环境中的导航任务仍将是今后研究的主要方向之一。另外,对于各种规划方法的改进有这样一个趋势——从对某一种方法的局部修改转向把某几种方法相互结合。因此,怎样把各种方法的优点融合到一起以达到更好的效果也是一个有待探讨的问题。

第四节 遗传算法简介

一、遗传算法的定义

遗传算法（Genetic Algorithm，GA）是以生物界自然选择和遗传变异机制等生物进化理论为基础构造的一类隐含并行随机搜索的优化算法。这种算法在某种程度上对生物进化过程进行数学模拟。它将"适者生存"这一基本的达尔文进化理论作为算法的核心思想，将要优化的参数编码组成基因串（个体的染色体），并且利用选择、交叉和变异等操作在基因串与基因串之间进行有组织但又随机的信息交换。将要优化的目标函数变换为适应度函数，通过计算串的适应度值，淘汰适应度小的个体，保留适应度大的个体繁衍后代，从而达到优化的目的。遗传算法只要求适应度函数为正，不要求可导或连续，也不需要优化目标的导数等任何相关信息，而且能在搜索过程中自动获取和积累解空间的相关知识，并自动适应控制搜索进程，从而获得问题的最优解。遗传算法作为并行算法，适用于全局搜索。多数优化算法都是单点搜索，容易陷入局部最优，而遗传算法却是对种群的许多初始点的多方向搜索，因而可以有效地避免搜索过程陷于局部最优，更有可能搜索到全局最优。遗传算法的整体搜索策略和优化计算不依赖于梯度信息，解决了一些其他优化算法无法解决的问题。

总之，遗传算法与解析法、枚举法和随机法相比，主要的优点是鲁棒性能比较好。所谓鲁棒特性是指能在许多不同的环境中通过效率及功能之间的协调平衡以求生存的能力。人工系统很难达到生物系统的"适者生存"的进化原理，从而使它具有在复杂空间中进行鲁棒搜索的能力。遗传算法具有极简单的计算方法，但却具有很强的功能，它对搜索空间基本不作要求，如连续性、可微性、凸性等。目前，遗传算法已成为人们解决高度复杂问题的一种新思路和新方法，在许多复杂实际工程优化中得到了广泛的应用，并取得了良好的效果。

二、遗传算法的特点

遗传算法具有如下特点：

1. 鲁棒性好

遗传算法的处理对象不是参数本身，而是参数编码后的称为人工染色体的位串，使其可直接对集合、队列、矩阵、图表等结构对象进行操作，这使它的应用范围变广。

2. 多点搜索

遗传算法是多点搜索，而不是单点搜索，避免了陷入局部最优，逐步逼近全局最优解。也正是它固有的并行性，使其优于其他算法。

3. 适用面广

遗传算法通过对目标函数来计算适应度,而不需要其他附加信息,从而对问题的依赖性很小。它对目标函数也基本没有限制,它既不需要函数连续,也不需要可微;既可以是解析的表达式,也可以是映射矩阵、甚至是隐函数,因而应用范围非常广泛。

4. 具有自适应性

遗传算法使用概率的转变规则,而不是确定性的规则,使它比传统的确定性优化算法更具有灵活性和高的搜索效率。它又是一种自适应的随机搜索算法,遗传算法在解空间内不是盲目地穷举或完全随机测试,而是启发式搜索,其搜索效率优于其他随机搜索方法。

5. 具有并行性

遗传算法具有隐含并行性的特点,因而可通过大规模并行计算来提高计算效率,发展潜力很大。

6. 适用于复杂问题

遗传算法最善于搜索复杂地区,从中找出期望值高的区域,更适合大规模优化问题。

三、使用遗传算法的准备工作

使用遗传算法解决优化问题前要先做好的准备工作。

1. 编码

采用合适的编码方式,对要优化的参数编码组成基因串。

2. 确定适应度函数

根据要优化的问题确定目标函数,进而确定适应度函数,适应度函数是遗传算法唯一利用的外部信息,它的选取至关紧要,直接影响遗传算法的收敛速度以及能否找到最优解。

3. 确定算法参数

确定选择、交叉、变异等操作方式和进行这些操作的概率以及概率的变化规律。

标准遗传算法的操作如下:

(1)初始化种群。

(2)计算适应度值。

(3)判断是否满足终止条件。若满足条件,则程序结束;若不满足,则继续。

(4)经过复制、交叉和变异产生下一代种群,返回第二步。

(5)输出最优结果。

标准遗传算法的操作流程如图 7-17 所示。

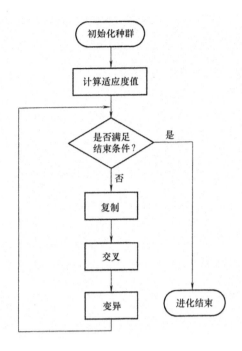

图 7-17　标准遗传算法的操作流程

第五节　基于遗传算法的移动机器人路径规划

一、设计路径编码方式

在 xOy 平面内路径是由一系列点组成的,起始点 $S(x_0,y_0)$ 和目标点 $E(x_{m+1},y_{m+1})$ 均为已知。采用浮点数编码,按机器人经过的顺序将路径点进行排序,同时,将路径点的 x 坐标置于前部,y 坐标置于尾部,则路径 $Path$ 的编码形式为:

$$Path=[x_0,x_1,x_2,\cdots,x_m,x_{m+1},y_0,y_2,\cdots,y_m,y_{m+1}] \tag{7-15}$$

二、产生初始种群

群体的大小是预先给定的常数 N。个体按随机方式产生,预先给定个体染色体的长度 $m+2$,在整个空间内随机方式产生 m 个点,将它们与起始点 S 和目标点 E 组成一条路径 $Path=\{S,P_1,P_2,\cdots,P_{m-1},P_m,E\}$。路径点在整个地图范围内随机产生,可保证当机器人陷入局部极值时能够跳出陷阱。

三、建立综合适应度函数

适应度函数是影响遗传算法收敛性和稳定性的重要影响因素。机器人的移动路径必须避开障碍物才能成功接近目标。因此,路径的安全性是路径寻优最重要的影响因素。此外,还要考虑路径的长度,以节省时间和能量。本文综合考虑了这两个因素,建立了综合适应度函数,这样既能满足安全性要求又能满足路程最短原则。这里建立的适应度函数包含以下两个部分。

1. 路径的安全性约束函数

为了衡量路径穿越障碍物区域的程度,从起始点开始,每隔一定长度取一个点,将它们作为检测点,通过如下的路径安全约束函数来计算这些检测点在障碍物内部的个数。

$$fit1(I) = \sum_{k=1}^{I_m} \xi_k \tag{7-16}$$

$$\xi_k = \begin{cases} 1, (x_k, y_k)\text{在障碍物区域内} \\ 0, (x_k, y_k)\text{不在障碍物区域内} \end{cases}$$

式中,(x_k, y_k) 表示个体 I 的第 k 个检测点的坐标。I_m 是第 I 条路径的检测点个数,该函数计算的是每条路径的检测点在障碍物区域内的个数。可见,该函数值越小,则路径越安全。

2. 路径的长度约束函数

路径的长度约束函数为:

$$fit2(I) = \sum_{k=0}^{m+1} d[(x_k, y_k), (x_{k+1}, y_{k+1})] \tag{7-17}$$

式中 $d[(x_k, y_k), (x_{k+1}, y_{k+1})]$ 表示点 (x_k, y_k) 到点 (x_{k+1}, y_{k+1}) 的距离。该函数计算的是路径长度。因此,该函数值越小,路径越短。

遗传算法对适值函数虽然没有连续、可导的要求,但遗传算法是对适值函数的最大化寻优,因此需要将最小化目标函数转化为最大化适值函数,综合以上两个约束条件得到综合适应度函数为:

$$fit(I) = -[\lambda_1 fit1(I) + \lambda_2 fit2(I)] \tag{7-18}$$

式中 λ_1、λ_2 分别为路径安全和路径长度的权重。

此外,对于约束优化问题,需要检查候选解是否违背了约束条件,如果候选解违背了约束条件,就没有必要再耗费时间去计算不可行解的目标函数。因此,对不可行解进行约束条件违背程度的比较,并采用施加惩罚项将约束优化问题转为无约束优化的策略,上述路径的安全性约束函数 $\lambda_1 fit1(I)$ 就是惩罚项。

由式(7-18)可知,适应度越大,路径性能越好。λ_1 比 λ_2 大很多可保证当路径中有路径点在障碍物内时,该路径的适应度很小。这样,可保证可行路径的适应度普遍比不可行路径的适应度大很多,进而增加较优路径被选择的概率,从而加快进化的速度。

四、设计遗传算子

针对动态环境的特点,因为环境变化剧烈,本代最好的路径的后代不一定变得更好,甚至有可能变成不可行路径,不可行路径的后代也可能变成可行路径。另外,为了加快算法收敛速度,采用优秀个体保护法,将新一代种群中的个体和上一代种群中的个体按适应度的大小排序,保留到当前为止找到的最优个体中。这样可以防止优秀个体由于交叉、变异中的偶然因素而被破坏掉。

所以遗传操作有选择操作、交叉操作、变异操作。

(1)选择操作:从上一代个体和下一代新产生个体中选择最优的 n 个个体,以保持种群规模不变。

(2)交叉操作:采用单点交叉操作,从种群中选择两个个体,随机选择一个交叉位置,两个个体互换交叉位置后的部分,产生两个新个体。

(3)变异操作:随机选择一个位置,把该位置处的基因值用空间中的任意一个值替换。

这里用 Matlab 语言实现遗传算法,首先建立动态环境的神经网络模型,对其进行实验,如图 7-18 和图 7-19 所示结果。

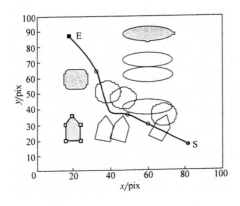

图 7-18　动态环境下的路径

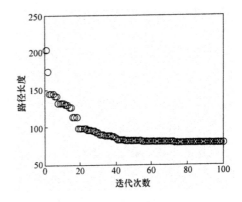

图 7-19　路径长度和迭代次数的关系

在图 7-18 中,五边形障碍物以 2 pix/s 沿着 x 轴,同时以 0.02 rad/s 的角速度绕着自身中心运动;椭圆形障碍物以 -2 pix/s 沿着 y 轴,以 0.02 rad/s 的角速度绕着自身中心运动;圆形障碍物以 $v_x = 1$ pix/s,$v_y = -1$ pix/s 运动。图中深色图形为各障碍物起点,"空心"图形为机器人运动到各点位时障碍物的位置。机器人的速度保持为 3 pix/s。

图 7-19 是图 7-18 中规划的路径长度随遗传算法迭代次数的变化曲线。其中,种群规模是 20,路径中路径点数是 8 个。可见当迭代次数达到 40 代时路径已经收敛。

第八章 工业机器人的安全防护

由于工业机器人系统复杂而且危险性大,在手动操作机器人或机器人系统自动运行期间,对机器人及其周边设备进行任何操作都必须注意安全。无论什么时候进入机器人工作范围都可能导致严重的伤害,因此,工业机器人的安全防护尤为重要。

第一节 安全防护措施

一、机器人系统的布局

机器人系统的合理布局是系统安全防护的第一步。机器人控制柜宜安装在安全防护空间以外。这可使操作人员在安全防护空间之外进行操作、启动机器人运动完成工作任务,并且在此位置上操作人员应具有开阔的视野,能观察到机器人的运行情况以及是否有其他人员处于安全防护空间之内。

机器人系统的布置应避免机器人运动部件和与机器人作业无关的周围固定物体及设备(如建筑结构件、公用设施等)之间的挤压和碰撞,应保持有足够的安全间距,一般最少为0.5 m。但那些与机器人完成作业任务相关的设备和装置(如物料传送装置、工作台、相关工具台、相关机床等)不受约束。

当要求由机器人系统布局来限定机器人各轴的运动范围时,应设定限定装置,并在使用时进行器件位置的正确调整和可靠固定。

在设计末端执行器时,应使其当动力源(电气、液压、气动、真空等)发生变化或动力消失时,负载不会松脱落下或发生危险(如飞出);同时,在机器人运动时,由负载和末端执行器所生成的静力和动力及力矩应不超出机器人的负载能力。

机器人系统的布置应考虑操作人员进行手动作业时(如零件的上、下料)的安全防护。可通过传送装置、移动工作台、旋转式工作台、滑道推杆、气动和液压传送机构等过渡装置来实现,使手动上下料的操作人员置身于安全防护空间之外。但这些自动移出或送进的装置不应产生新的危险。

二、安全标示

操作机器人或机器人系统时,应严格遵守机器人使用的安全规程,因此了解机器人系统常用的安全标示是必需的。机器人系统常用的安全标示,如表 8-1 所示。

表 8-1　安全标示

标示	名称	含义
⚠	危险	警告,如果不依照说明操作,就会发生事故,并导致严重或致命的人员伤害或严重的产品损坏
⚠	警告	警告如果不依照说明操作,可能会发生事故,造成严重的伤害(可能致命)或重大的产品损坏
⚡	电击	针对可能会导致的严重人身伤害或死亡的电气危险的警告
ⓘ	小心	警告如果不依照说明操作,可能会发生造成伤害或产品损坏的事故
⚠	静电放电 (ESD)	针对可能会导致严重产品损坏的电气危险的警告
ℹ	注意	描述重要的事实和条件
💡	提示	描述从何处查找附加信息或如何以更简单的方式进行操作

三、示教编程器的安全防护

示教编程器是一种高品质的手持式终端,它配备了高灵敏度的一流电子设备。为避免操作不当引起的故障或损害,应该严格遵照以下说明来使用:

(1)小心操作,不要摔打、抛掷或重击示教编程器,这样会导致破损或故障。在不使用该设备时,应将它挂到专门存放它的支架上,以防意外掉在地上。

(2)示教编程器的使用和存放应避免被人踩踏电缆。

(3)切勿使用锋利的物体操作触摸屏,这样可能会使触摸屏受损。应用手指或触摸笔去操作示教编程器触摸屏。

(4)定期清洁触摸屏。灰尘和小颗粒可能会挡住屏幕造成故障。

(5)切勿使用溶剂、洗涤剂或擦洗海绵清洁示教编程器,使用软布蘸少量水或中性清洁剂清洗。

四、设备的安全防护

1. 确认开关状态

高压作业可能会产生致命性后果。触碰高压可能会导致心跳停顿、烧伤或其他严重伤害。为了避免这些伤害，请务必在作业前关闭控制柜上的主开关，如图 8-1 所示。

确保驱动模块、主模块的主开关关闭，如图 8-2 所示。

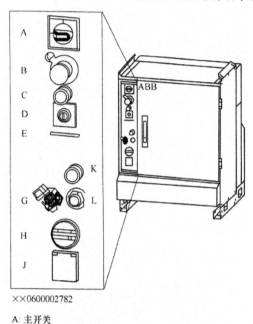

××0600002782

A：主开关

图 8-1　关闭控制柜的主开关

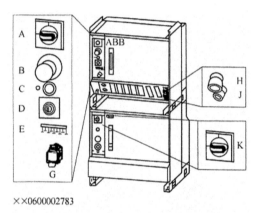

××0600002783

K：主开关，Drive Module

A：主开关，Control Module

图 8-2　关闭驱动模块、主模块的主开关

2. 机器人动作的危险

使用示教编程器使机器人动作时，它可能会执行一些意外的或不规范的移动。此外，所有的移动都会产生很大的力量，有可能对个人造成严重伤害或对工作范围内的任何设备造成损害。因此，应该严格按照表 8-2 所示进行操作。

表 8-2　使用示教编程器使机器人动作

序　号	操　　作	注　　释
1	示教编程器运行之前，请务必正确安装和连接紧急停止设备	紧急停止设备包括防护门、踏垫和光幕等
2	在手动全速模式下通常只有止、动功能有效。要增加安全性，也可使用系统参数对手动限速激活止、动功能	按下示教编程器的使能键，机器人动作；松开使能键，机器人停止动作
3	按下启动按钮之前，要确保示教编程器的工作范围内无人	机器人动作之前，机器人的工作区域内无障碍

3. 轴制动闸的作用

机器人手臂系统非常沉重,特别是大型机器人,如果没有连接制动闸、连接错误、制动闸损坏或任何故障都会导致制动闸无法使用,以致发生危险。

例如,当 KUKA200 机器人手臂系统跌落时,可能会对站在下面的人员造成伤亡。因此,应采取对应的防范措施,具体操作如下:

(1)如果怀疑制动闸不能正常使用,请在作业前使用其他方法确保机器人手臂系统的安全性。

(2)如果打算通过连接外部电源禁用制动闸,请务必注意:当禁用制动闸时,切勿站在机器人的工作范围内(除非使用了其他方法支撑手臂系统);任何时候均不得站在任何机器人轴臂下方。

4. 紧急停止

紧急停止是一种超越其他任何示教编程器控制的状态,断开驱动电源与示教编程器电动机的连接,停止所有运动部件,并断开电源与示教编程器系统控制的任何可能存在危险的功能的连接。紧急停止状态意味着所有电源都要与示教编程器断开连接,手动制动释放电路除外。只有执行恢复步骤,即重置紧急停止按钮并按电动机开启按钮,才能返回正常操作。

在机器人运行过程中,工作区域有人员闯入,或者机器人伤害了工作人员或损伤了机器设备时,必须按下任意紧急停止按钮。因此,紧急停止功能只用于在遇到紧急状况时立即停止设备,不得用于正常的程序停止,因为这可能会给示教编程器带来额外的不必要的磨损。

5. 安全停止

安全停止意味着仅断开示教编程器与电动机之间的电源,因此不需要执行恢复步骤。只需要重新连接电动机电源,就可以从安全停止状态返回正常操作。安全停止也称为保护停止。

安全停止不得用于正常的程序停止,因为这可能会给示教编程器带来额外的不必要的磨损。

安全停止通过输入到控制器的特殊信号激活,这些输入专用安全装置有单元门、光幕或光束等。安全停止类型如表 8-3 所示。

表 8-3　安全停止类型

类　型	描　述
自动模式停止(AS)	在自动模式中断开驱动电源
常规停止(GS)	在所有操作模式中断开驱动电源
上级停止(SS)	在所有操作模式中断开驱动电源 用于外部设备

五、机器人系统的安全防护装置

机器人系统的安全防护可采用一种或多种安全防护装置,如:

(1)固定式或连锁式防护装置。

(2)双手控制装置、使能装置、握持运行装置、自动停机装置、限位装置等。

(3)现场传感安全防护装置(PSSD),如安全光幕或光屏、安全垫系统、区域扫描安全系统、单路或多路光束等。

六、安全保护

实际操作中,有些危险不能合理地消除或不能通过设计完全排除。安全保护就是借助保护装置使作业人员远离这些危险。

某些安全保护装置(如光幕)激活时,保护装置可以通过受控方式停止示教编程器来防止危险情形。这可通过将保护装置连接到示教编程器上的任何安全停止输入来实现。

安全保护空间是由机器人外围的安全防护装置(如栅栏等)所组成的空间。确定安全保护空间的大小是通过风险评价来确定超出机器人限定空间而需要增加的空间。一般应考虑当机器人在作业过程中,所有人员身体的各部位都不能接触到机器人运动部件和末端执行器或工件的运动范围。例如,示教编程器单元由单元门及其互锁装置进行安全保护。

每个现有保护装置都具有互锁装置,激活这些装置时将停止示教编程器。示教编程器与单元门含有互锁,在打开单元门时该互锁将停止示教编程器。恢复正常操作的唯一方法是关闭单元门。

安全保护机制包含许多串联的保护装置。当一个保护装置启动时,保护链断开,此时不论保护链其他部分的保护装置状态如何,机器都会停止运行。

七、安全工作区域

在调试与运行机器人时,它可能会执行一些意外的或不规范的运动,并且所有的运动都会产生很大的力量,从而严重伤害人员或损坏机器人工作范围内的任何设备。所以工作人员必须时刻警惕与机器人保持足够的安全距离,在机器人的工作区域之外进行操作。

八、工作中的安全

机器人速度慢,但是很重并且力度很大,运动中的停顿或停止都会产生危险。即使可以预测运动轨迹,但外部信号有可能改变操作,有可能在没有任何警告的情况下,产生预想不到的运动。因此,当进入保护空间时,务必遵循所有安全条例。

（1）如果在保护区域内有工作人员，请手动操作机器人系统。

（2）当进入保护空间时，请准备好示教编程器，以便随时控制机器人。

（3）注意旋转或运动的工具，如切削工具和锯。确保在接近机器人之前，这些工具已经停止运动。

（4）注意工件和机器人系统的高温表面。机器人电动及长期运转后温度很高。

（5）注意夹具并确保夹好工件。如果夹具打开，工件会脱落并导致人员伤害或设备损坏。夹具非常有力，如果不按照正确方法操作，也会导致人员伤害。

（6）注意液压、气压系统以及带电部件。即使断电，这些电路上的残余电量也很危险。

九、动作模式的安全防护

1.手动模式下的安全

在手动减速模式下，机器人只能减速（250 mm/s 或更慢）操作（移动）。只要在安全保护空间之内工作，就应始终以手动速度进行操作。

手动全速模式下，机器人以程序预设速度移动。手动全速模式应用仅用于所有人员都位于安全保护空间之外时，而且操作人员必须经过特殊培训，熟知潜在的危险。

2.自动模式下的安全

自动模式用在生产中运行机器人程序。在自动模式操作情况下，常规模式停止（GS）机制、自动模式停止（AS）机制和上级停止（SS）机制都将处于活动状态。

十、灭火

发生火灾时，请确保全体人员安全撤离后再行灭火。应首先处理受伤人员。当电气设备（如机器人或控制器）起火时，应使用二氧化碳灭火器，切勿使用水或泡沫。

第二节 机器人干涉

在自动化生产线上，机器人工作站越来越被广泛应用。尤其在汽车的装焊线上，多台机器人在同一个工作站中协同工作，形成多台机器人的焊接系统。工作站中的机器人在共同执行某种作业任务时，必然要与作业环境中另外的机器人形成动态障碍关系。

机器人在作业过程中，或者在运行过程中，两个或两个以上的零件（或部件）同时占有同一位置而发生冲突称为干涉。通常情况下多个机器人的工作空间存在重叠交叉区域，机械人各关节之间在运动过程中极易产生机械干涉，导致生产事故的发生，影响整条生产线的生产，因此多机器人之间的动态干涉问题亟待解决。

机器人之间干涉会引起机器人自身的部件损坏、机器人的程序混乱、加工中的工件损坏、周边其他设备设施的损坏。因此解决机器人的干涉问题尤为重要。

针对机器人的干涉情况首先需要分析机器人的干涉区。干涉区如图 8-3 所示,就是各机器人因作业需要,共同经由或滞留的空间。同一工位的机器人,在工作过程中,需要进入到同一个区域,但进入的先后次序无严格的限定,任意一台机器人先进入,在工艺上都允许(除了影响运行时间外)。允许使用干涉区信号控制机器人运行,防止机器人之间碰撞。

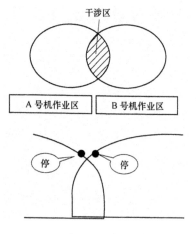

图 8-3 机器人的干涉区

确认好干涉区范围之后,将机器人各自在进入干涉区之前设置等待动作,并且必须确认等待中的机器人是否完全处于干涉区之外。

不同的干涉区使用不同的干涉信号:如果两台机器人之间存在多个干涉区,则要求使用不同的干涉区信号。

对于有严格的工艺时序的干涉,采用互锁信号来控制。互锁信号是针对机器人需要在干涉区工作的时间而设置的,即针对双方作业干涉区进行机器人干涉信号设置,保证在同一时间段内,相互可能干涉的机器人只允许有一台进入该区域,其他的需要等待干涉区空后再进入。

设置干涉区的控制信号必然影响生产线的生产效率,因此在设置干涉区信号时应从下面几个方面考虑。

一、在高效完成作业的前提下设置干涉

由于干涉区的存在,造成机器人单独作业,从而发生降低生产效率的现象。因此在设置干涉区的时候,必须根据各机器人的作业量以及作业顺序,设置最合理、最有效的干涉区作业步骤。

如图 8-4 所示,机器人 A 的作业为 4 个点,机器人 B 的作业为 5 个点,因此机器人 B 的作业在无干涉的情况下必然慢于机器人 A。如此在干涉区中进行作业时,如果以原本慢的机器人 B 等待机器人 A 的形式进行作业,机器人 B 完成作业的时间将会更长,因此影响到生产效率。所以设置干涉的时候要以机器人 B 先

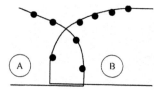

图 8-4 机器人干涉区

作业的形式进行生产。值得注意的是工作站每一项工作的完成是以所有参加工作的机器人动作停止为结点的。

二、作业中所有可能发生干涉的干涉区都要设置信号

如图 8-5 所示为工作站的 A、B 两台焊接机器人的工作区域的干涉区，不难发现，如果机器人 A 在打干涉区中①、②点的时候，机器人 B 在打干涉区外①、②点的情况下，干涉区或许会被巧妙错过。

但此时如果机器人 A 由于未知原因突然停止在干涉区中，而机器人 B 因为没有接收到任何信号而持续打点的话，那双方便会发生碰撞事故。

因此为避免上述情况的发生，在非直接干涉的干涉区存在的情况下，也要设置干涉信号，作为保护措施。

干涉区域不一定仅仅存在于两台机器人之间，周边还有其他机器人的情况下，所有的因动作组合而存在的干涉区，都需要进行确认与设置。

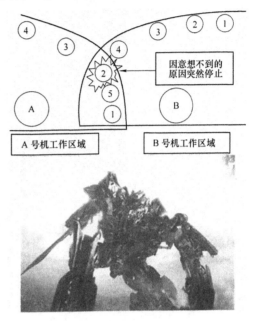

图 8-5 焊接机器人工作
区域的干涉区

三、进入发出 OFF 信号，脱离发出 ON 信号

在图 8-5 所示的焊接机器人工作站中，假设机器人 A 信号设置为进入发出 ON 信号、脱离发出 OFF 信号的形式，那么机器人 A 在干涉区中作业时，突然发生断电，或其他原因造成该机器人的信号关闭，都会导致机器人 B 接收到 OFF 的信号，从而进入干涉区造成机器人的碰撞等事故。

如果机器人 A 信号设置为进入发出 OFF 信号、脱离发出 ON 信号的形式，那么就算发生以上的断电等事故，机器人 B 由于接收不到 ON 的信号，于是一直等待，从而避免事故的发生。

四、两台机器人之间的互锁

在图 8-6 所示的弧焊机器人工作站中，A 机器人为焊接机器人，在工作台位置进行工件焊接，B 为搬运机器人，两台机器人在工作台位置处存在干涉现象。

图 8-6　弧焊机器人工作站

工作站工作时序:焊接机器人 A 在干涉区外等待进行焊接,搬运机器人 B 先将工件搬运至待焊接的工位上,搬运机器人 B 离开干涉区域后,焊接机器人 A 进入开始焊接,焊接完成后,焊接机器人 A 离开干涉区域,工作台夹具打开,搬运机器人 B 才能进行搬运。当搬运机器人 B 搬运工件离开干涉区后,此工作站的干涉互锁设置才算完成。

第三节　电磁干扰

由于电磁干扰、射频干扰和静电放电,使机器人及其系统和周边设备产生误动作,意外启动或控制失效会形成各种危险运动。因此,针对机器人的抗电磁、抗静电影响的考虑尤为重要。

一、静电影响

ESD(静电放电)是电动势不同的两个物体间的静电传导,它可以通过直接接触传导,也可以通过感应电场传导。通过摩擦(摩擦静电)和静电感应可以产生高达几千伏的静电电压,最常见的产生静电的方式是摩擦。合成纤维辅之以干燥的空气尤其会助长这种静电效应,两种介电常数不同的材料相互摩擦也会产生静电。经过摩擦,材料将被充上电荷,即一种材料将电子放给了另一种材料,其表现形式是出现一种极性单一的带电粒子堆积现象。这种现象在人体上同样也可以发生。例如,一个人在干燥环境中穿了一双绝缘性能良好的鞋在人工合成材料制成的地毯上行走,由此他可以带上高达 15 kV 的静电,这一电压的极小部分(人察觉不到)已经足以摧毁静电保护器件(ESD)。与通过静电而产生的电压相比,现代半导体元件的耐压性能简直是微乎其微。此外,ESD 不仅会导致部件的完全损坏,有时还可能部分地损坏集成电路(IC)或者元件,其结果是导致使用寿命下降,或者在目前还正常的部件上引起间发性故障。

在操作所有安装在机器人控制柜内的组件时,必须遵守静电保护准则。这些组件都装配有高级的模块并且对静电放电很敏感。

搬运部件或其容器时,未接地的人员也可能会传导大量的静电荷。一旦放电可能会损坏灵敏的电子装置。排除静电危险应按照表 8-4 所示操作。

表 8-4 排除静电操作

序号	操 作	作 用
1	使用手腕带	手腕带必须经常检查,以确保没有损坏,并且要正确使用
2	使用 ESD 保护地垫	地垫必须通过限流电阻接地
3	使用防静电桌垫	此垫应能控制静电放电且必须接地

二、电磁干扰

电磁干扰的传播途径主要是通过空间辐射或者导线传导,即辐射发射和传导发射,以及感应耦合。形成电磁干扰(EMI)必须具备电磁干扰源、电磁干扰途径、对电磁干扰敏感的系统三个要素。在工业机器人系统中的电动机多采用交流伺服系统,其包含开关型功率电力电子器件和高速电子电路,由电力电子器件的开关产生的电磁波辐射出去可导致周围设备运行异常。从另一方面来讲,交流电网中存在大量的谐波干扰,交流伺服系统的供电电源也会受到来自被污染的交流电网的干扰,若不加以处理,电网电磁干扰就会通过电网电源电路干扰交流伺服系统,或者伺服放大器附近安装了很多噪声源,如电磁接触器、电磁制动器、多个继电器等,也会使伺服放大器运行异常。在机器人系统中,设备被安置在一个相对聚集的空间中,各个电气元件之间的电磁干扰相对明显。因此,电磁干扰对系统的影响不可忽视。

三、降低电磁干扰的措施

解决电磁干扰问题,是提高机器人运动精确度的重要措施。控制系统的抗干扰能力关系到整个系统的可靠性,而系统的可靠性则直接影响企业的生产效率以及设备的安全和经济运行。

根据电磁干扰的不同传播途径,可以采用隔离、滤波、屏蔽、接地等多种方法抑制电磁干扰。

1. 从伺服放大器辐射出的引起周围机器运行异常的电磁干扰的抗干扰措施

伺服放大器产生的电磁干扰是由于伺服放大器本体和输入、输出连接的电线辐射出去的,对靠近主电路电线周围设备的信号线有电磁感应和静电感应。

采取的抗干扰措施为:将易受干扰的装置尽量远离伺服放大器,伺服放大器的动力线

（输入、输出电缆）和信号线应避免平行布线或束状布线，应尽量分开布线。编码器的连接电缆和信号控制线应使用屏蔽双绞线，屏蔽线的外层要与接地端子连接。伺服放大器和伺服电动机应采用一点接地，接地线必须短而粗，使得接地电阻和电感较小，免得引入额外的干扰。接地线与大地要连接良好，并将信号线与动力线分别放在金属线槽中。

2. 对外部进入伺服放大器并导致其运行异常的电磁干扰的抗干扰措施

在干扰源设备上安装浪涌吸收器以抑制干扰。在信号线上，安装数据线滤波器。通过电缆卡头将编码器连接线和信号控制线接地。

3. 控制柜的安装位置

在自动化生产线上的工业机器人工作站中，不再是一台、两台机器人协同工作，而是多台机器人布局在一个特定的空间。因此，多个机器人控制柜的安装位置除了考虑场地使用、操作者操作方便以外，一个重要的因素是要考虑控制柜之间的合理布局，这是消除电磁干扰、快速散热、提升机器人运动准确性的重要因素。

第九章　工业机器人的发展趋势

机器人应用从传统制造业向非制造业转变,向以人为中心的个人化和微型化方向发展,并将服务于人类活动的各个领域。总趋势是从狭义的机器人概念向广义的机器人技术(RT)概念转移;从工业机器人产业向解决工程应用方案业务的机器人技术产业发展。机器人技术(RT)的内涵已变为"灵活应用机器人技术的、具有实在动作功能的智能化系统"。

第一节　机器人的最新发展

目前,工业机器人技术正在向智能机器和智能系统的方向发展,其发展趋势主要为:结构的模块化和可重构化;控制技术的开放化、PC 化和网络化;伺服驱动技术的数字化和分散化;多传感器融合技术的实用化;工作环境设计的优化和作业的柔性化以及系统的网络化和智能化等方面。

一、机器人操作机

通过有限元分析、模态分析及仿真设计等现代设计方法的运用,机器人操作机已实现了优化设计。以德国 KUKA 公司为代表的机器人公司,已将机器人并联平行四边形结构改为开链结构,拓展了机器人的工作范围,加之轻质铝合金材料的应用,大大提高了机器人的性能。此外,采用先进的 RV 减速器及交流伺服电动机,使机器人操作机几乎成为免维护系统。

二、并联机器人

采用并联机构,利用机器人技术,实现高精度测量及加工,这是机器人技术向数控技术的拓展,为将来实现机器人和数控技术一体化奠定了基础。意大利 COMAU 公司、日本 FANUC 公司等已开发出了此类产品。

三、控制系统

控制系统的性能进一步提高,已由过去控制标准的 6 轴机器人发展到现在能够控制 21 轴甚至 27 轴,并且实现了软件伺服和全数字控制。人机界面更加友好,基于图形操作的界面也已问世。编程方式仍以示教编程为主,但在某些领域的离线编程已实现实用化。

四、传感系统

激光传感器、视觉传感器和力传感器在机器人系统中已得到成功应用,并实现了焊缝自动跟踪和自动化生产线上物体的自动定位以及精密装配作业等,大大提高了机器人的作业性能和对环境的适应性。日本 KAWASAKI、YASKAWA、FANUC 和瑞典 ABB、德国 KUKA、REIS 等公司皆推出了此类产品。

五、网络通信功能

日本 YASKAWA 和德国 KUKA 公司的最新机器人控制器已实现了与 Canbus、Profibus 总线及一些网络的连接,使机器人由过去的独立应用向网络化应用迈进了一大步,也使机器人由过去的专用设备向标准化设备发展。

六、可靠性

由于微电子技术的快速发展和大规模集成电路的应用,使机器人系统的可靠性有了很大提高。过去机器人系统的可靠性 MTBF 一般为几千小时,而现在已达到 50 000 h,几乎可以满足任何场合的需求。

第二节 智能机器人技术

一、智能机器人的发展现状

智能机器人是第三代机器人,这种机器人带有多种传感器,能够将多种传感器得到的信息进行融合,能够有效地适应变化的环境,具有很强的自适应能力、学习能力和自治功能。

目前研制中的智能机器人智能水平并不高,只能说是智能机器人的初级阶段。在智能机器人研究中,当前的核心问题有两方面:一方面是提高智能机器人的自主性,这是就智能机器人与人的关系而言,即希望智能机器人进一步独立于人,具有更为友善的人机界面。从长远来说,希望操作人员只要给出要完成的任务,机器人能自动形成完成该任务的步骤,并自动完成它。另一方面是提高智能机器人的适应性,提高智能机器人适应环境变化的能力,这是就智能机器人与环境的关系而言,希望加强它们之间的交互关系。

智能机器人涉及许多关键技术,这些技术关系到智能机器人智能性的高低。这些关键技术主要有以下几个方面:①多传感器信息融合技术,指综合来自多个传感器的感知数据,以产生更可靠、更准确或更全面的信息,经过融合的多传感器系统能够更加完善、精确地反映检测对象的特性,消除信息的不确定性,提高信息的可靠性;②导航和定位技术,在自主移动机器人导航中,无论是局部实时避障还是全局规划,都需要精确知道机器人或障碍物的当前状态及位置,以完成导航、避障及路径规划等任务;③路径规划技术,最优路径规划就是依据某个或某些优化准则,在机器人工作空间中找到一条从起始状态到目标状态、可以避开障碍物的最优路径;④机器人视觉技术,机器人视觉系统的工作包括图像的获取,图像的处理和分析、输出和显示,核心任务是特征提取,图像分割和图像辨识;⑤智能控制技术,提高了机器人的速度及精度;⑥人机接口技术,是研究如何使人方便、自然地与计算机交流。

在各国的智能机器人发展中,美国的智能机器人技术在国际上一直处于领先地位,其技术全面、先进,适应性也很强,性能可靠、功能全面、精确度高,其视觉、触觉等人工智能技术已在航天、汽车工业中广泛应用。日本由于一系列扶植政策,各类机器人包括智能机器人的发展迅速。欧洲各国在智能机器人的研究和应用方面在世界上也处于公认的领先地位。中国起步较晚,而后进入了大力发展的时期,期望以机器人为媒介物推动整个制造业的改变,推动整个高新技术产业的壮大。

二、智能机器人的应用

现代智能机器人基本能按人的指令完成各种复杂的工作,如深海探测、作战、侦察、搜集情报、抢险、服务等工作,模拟完成人类不能或不愿完成的任务,不仅能自主完成工作,而且能与人共同协作完成任务或在人的指导下完成任务,在不同领域有着广泛的应用。

智能机器人按照工作场所的不同,可以分为管道机器人、水下机器人、空中机器人、地面机器人等。

管道机器人可以用来检测管道使用过程中的破裂、腐蚀和焊缝质量情况,在恶劣环境下承担管道的清扫、喷涂、焊接、内部抛光等维护工作,对地下管道进行修复。

如图 9-1 所示的水下机器人,可以用于进行海洋科学研究、海上石油开发、海底矿藏勘探、海底打捞救生等;美国的 AUSS、俄罗斯的 MT-88、法国的 EPAVLARD 等水下机器人已用于海洋石油开采,海底勘查、救捞作业、管道敷设和检查、电缆敷设和维护以及大坝检查等方面,形成了有缆水下机器人(Remote Operated Vehicle)和无缆水下机器人(Autonomous Under Water Vehicle)两大类。

图 9-1　水下机器人

空中机器人可以用于通信、气象、灾害监测、农业、地质、交通、广播电视等方面,一直是先进机器人的重要研究领域。目前美、俄、加拿大等国已研制出各种空中机器人。如图 9-2 所示的空中机器人、美国 NASA 的空中机器人 Sojanor 等。Sojanor 是一辆自主移动车,质量为 11.5 kg,尺寸 630 mm×48 mm,有 6 个车轮,它在火星上的成功应用,引起了全球的广泛关注。

图 9-2　空中机器人

在核工业方面,国外的研究主要集中在机构灵巧、动作准确可靠、反应快、质量轻、刚度好、便于装卸与维修的高性能伺服手,以及半自主和自主移动机器人,如图 9-3 所示的核工业机器人。已完成的典型系统有美国的 ORML 基于机器人的放射性储罐清理系统、反应堆用双臂操作器,加拿大研制成功的辐射监测与故障诊断系统,德国的 C7 灵巧手等。

图 9-3　核工业机器人　　　　　图 9-4　地下机器人

地下机器人主要包括采掘机器人和地下管道检修机器人两大类，图 9-4 所示的为一款地下机器人。对此类机器人的主要研究内容为：机械结构、行走系统、传感器及定位系统、控制系统、通信及遥控技术。目前日、美、德等发达国家已研制出了地下管道和石油、天然气等大型管道检修用的机器人，各种采掘机器人及自动化系统正在研制中。

微型机器人以纳米技术为基础在生物工程、医学工程、微型机电系统、光学、超精密加工及测量（如扫描隧道显微镜）等方面具有广阔的应用前景。在医学方面，医用机器人的主要研究内容包括：医疗外科手术的规划与仿真、机器人辅助外科手术、最小损伤外科、临场感外科手术等。美国已开展临场感外科（Telepresence Surgery）的研究，用于战场模拟、手术培训、解剖教学等。法、英、意、德等国家联合开展了图像引导型矫形

图 9-5　医用机器人

外科（Telematics）计划、袖珍机器人（Biomed）计划以及用于外科手术的机电手术工具等项目的研究，并已取得一些卓有成效的成果。如图 9-5 所示为日本草津的立命馆大学研究人员展示超小医用机器人的模型。这种直径 1 cm、长为 2 cm、重仅为 5 g 的医用机器人可以到达人体内患病处，并能与其他医疗器械配套使用。

在建筑方面，有高层建筑抹灰机器人、预制件安装机器人、室内装修机器人、擦玻璃机器人、地面抛光机器人等，并已实际应用，图 9-6 所示为一款建筑机器人正攀爬在墙壁上。美国卡耐基梅隆大学、麻省理工学院等都在进行管道挖掘和埋设机器人、内墙安装机器人等型号的研制，并开展了传感器、移动技术和系统自动化施工方法等基础研究。英、德、法等国也在开展这方面的研究。

图 9-6　建筑机器人

在国防领域中,军用智能机器人得到前所未有的重视和发展。近年来,美、英等国研制出第二代军用智能机器人,其特点是采用自主控制方式,能完成侦察、作战和后勤支援等任务,在战场上具有看、嗅等能力,能够自动跟踪地形和选择道路,具有自动搜索、识别和消灭敌方目标的功能,如美国的 Navplab 自主导航车、SSV 自主地面战车,法国的自主式快速运动侦察车(DARDS),德国的 MV4 爆炸物处理机器人等。目前美国 ORNL 正在研制和开发 Abrams 坦克、爱国者导弹装电池用机器人等各种用途的军用机器人。

在未来的军事智能机器人中,还会有智能战斗机器人、智能侦察机器人、智能警戒机器人、智能工兵机器人、智能运输机器人等,成为国防装备中新的亮点。如图 9-7 所示的一款军用机器人。

图 9-7　军用机器人

服务机器人可半自主或全自主工作,为人类提供服务,其中医用机器人具有良好的应用前景;仿人机器人的形状与人类似,具有移动功能、操作功能、感知功能、记忆和自治能力,能够实现人机交互。

在服务工作方面,世界各国尤其是西方发达国家都在致力于研究开发和广泛应用服务智能机器人。以清洁机器人为例,随着科学技术的进步和社会的发展,人们希望更多地从烦琐的日常事务中解脱出来,这就使得清洁机器人进入家庭成为可能。日本公司研制的地面清扫机器人,可沿墙壁从任何一个位置自动启动,利用不断旋转的刷子将废弃物扫入自带容器中;车站地面擦洗机器人工作时一面将清洗液喷洒到地面上,一面用旋转刷不停地擦洗地面,并将脏水吸入所带的容器中;工厂的自动清扫机器人可用于各种工厂的清扫工作。如图 9-8 所示,

图 9-8　Roomba 机器人

美国的一款清洁机器人"Roomba"具有高度自主能力,可以游走于房间各家具缝隙间,灵巧地完成清扫工作。瑞典的一款机器人"三叶虫",表面光滑,呈圆形,内置搜索雷达,可以迅速

地探测到并避开桌腿、玻璃器皿、宠物或任何其他障碍物。一旦微处理器识别出这些障碍物，它可重新选择路线，并对整个房间做出重新判断与计算，以保证房间的各个角落都被清扫。

　　甚至在体育比赛方面，机器人也得到了很大的发展。近年来在国际上迅速开展起来的足球机器人与机器人足球的高技术对抗活动，国际上已成立相关的联合会 FIRA，许多地区也成立了地区协会，已达到比较正规的程度且有相当的规模和水平。机器人足球赛的目的是将足球（高尔夫球）撞入对方球门取胜。球场上空（2 m）高悬挂的摄像机将比赛情况传入计算机内，由预装的软件做出恰当的决策与对策，通过无线通信方式将指挥命令传给机器人。机器人协同作战，双方对抗，形成一场激烈的足球比赛。在比赛过程中，机器人可以随时更新它的位置。每当它穿过地面线截面，双方的教练员与系统开发人员不得进行干预。机器人足球技术融计算机视觉、模式识别、决策对策、无线数字通信、自动控制与最优控制、智能体设计与电力传动等技术于一体，是一个典型的智能机器人系统。

　　现代智能机器人不仅在上述方面有广泛应用，而且是渗透到生活的各个方面。像在煤炭工业，在矿业方面，考虑到社会上对煤炭需求量日益增长的趋势和煤炭开采的恶劣环境，将智能机器人应用于矿业势在必行。随着智能机器人应用领域的日益扩大，人们期望智能机器人能在更多的领域为人类服务，代替人类完成更多、更复杂的工作。可以预见，在 21 世纪各种先进的机器人系统将会进入人类生活的各个领域，成为人类良好的助手和亲密的伙伴。

三、智能机器人的发展趋势

　　智能机器人具有广阔的发展前景，目前机器人的研究正处于第三代智能机器人阶段，尽管国内外对此的研究已经取得了许多成果，但其智能化水平仍然不尽如人意。未来的智能机器人应当在以下几方面着力发展：①面向任务，由于目前人工智能还不能提供实现智能机器的完整理论和方法，已有的人工智能技术大多数要依赖领域知识，因此当把机器要完成的任务加以限定，即发展面向任务的特种机器人，那么已有的人工智能技术就能发挥作用，使开发这种类型的智能机器人成为可能；②传感技术和集成技术，在现有传感器的基础上发展更好、更先进的处理方法和实现手段，或者寻找新型传感器，同时提高集成技术，增加信息的融合；③机器人网络化，利用通信网络技术将各种机器人连接到计算机网络上，并通过网络对机器人进行有效的控制；④智能控制中的软计算方法，与传统的计算方法相比，以模糊逻辑、基于概率论的推理、神经网络、遗传算法和混沌为代表的软计算技术具有更高的鲁棒性、易用性及计算的低耗费性等优点，应用到机器人技术中，可以提高其问题求解速度，较好地处理多变量、非线性系统的问题；⑤机器学习，各种机器学习算法的出现推动了人工智能的发展，强化学习、蚁群算法、免疫算法等可以用到机器人系统中，使其具有类似人的学习能力,以适应日益复杂的、不确定的和非结构化的环境;⑥智能人机接口,人机交互的需求越来越向简单化、多样化、智能化、人性化方向发展,因此需要研究并设计各种智能人机接口,如多语种语音、自然语言理解、图像、手写字识别等,以更好地适应不同的用户和不同的应用任务,提高人与机器人交互的和谐性;⑦多机器人协调作业、组织和控制多个机器人来协作完成单机器人无法完成的复杂任务,在复杂且未知的环境下实现实时推理反应以及交互的群体决策和操作。

由于现有的智能机器人的智能水平还不够高,因此在今后的发展中,努力提高各方面的技术及其综合应用,大力提高智能机器人的智能程度,提高智能机器人的自主性和适应性,是智能机器人发展的关键。同时,智能机器人涉及多个学科的协同工作,不仅包括技术基础,甚至还包括心理学、伦理学等社会科学,让智能机器人完成有益于人类的工作,使人类从繁重、重复、危险的工作中解脱出来,就像科幻作家阿西莫夫的"机器人学的三大法则"一样,让智能机器人真正为人类利益服务,而不能成为反人类的工具。相信在不远的将来,各行各业都会充满形形色色的智能机器人,科幻小说中的场景将在科学家们的努力下逐步成为现实,很好地提高人类的生活品质和对未知事物的探索能力。

我国的智能机器人发展还落后于世界先进水平,而智能机器人又是高科技的集中体现,具有重要的发展价值,因此我国在智能机器人领域要认清形势、明确发展目标,采取符合我国国情的可行的发展对策,努力缩小与世界领先水平的差距,早日让智能机器人全面为社会的发展服务。相信通过政府的重视和投入,以及科技工作者的不懈奋斗,我国的智能机器人发展水平定能达到新的高度。

第三节 网络机器人技术

一、基于网络的遥操作技术

遥操作系统允许操作者通过主从机器人来实现对远程设备的控制。它主要应用于空间技术、核废料的处理、显微外科、微电子装配、水下操作、采矿业及消防救援等方面。

遥操作系统包括操作者、主设备、通信通道、从机器人和远端环境。主机器人的设备核心是力反馈操纵杆,而从机器人可为任意类型的设备。设计并安装于机器人上的双工控制器负责主从设备间的双向信息流传输。通信媒介可采用因特网或无线技术。总体来说,双工控制器要被设计为稳定且透明的系统。所谓透明系统是一种理想情况,即操作者自身感觉不到主从设备之间距离的存在,操作者的感觉就如同对远程环境中的设备进行本地直接操作。当从机器人设备上的位置和力的变化可与反馈给操作者的位置和力的变化相匹配时,上述透明系统在技术上是可实现的。然而,由于通信中的时滞和系统中存在的噪声及系统自身存在的不稳定因素,使实现稳定且透明的双工系统操作仍有困难。因此,设计在系统存在显著通信延迟环境下的双工控制器更具实际意义,而且设计具有自适应性的双工控制器是一种可行的方法。

基于网络的机器人技术被提出后,首先被应用到遥操作领域。如 Mercury Robot、Telerobot 及 Telegerden 等都是给用户提供通过因特网对远程设备实施遥操作控制的机器人。这些系统在初期只能提供机器人工作环境的静止画面,有些系统如 Telegerden 也尝试使用 CAD 技术来回馈被控机械臂状态动画。当支持通过网络传输流式图像数据的网络摄像头技术出现后,现场环境的图像反馈变得易于实现。

要使用户能远程控制机器人并完成一系列复杂动作,就需要使用更先进的技术来实现复杂且友好的用户界面。在这些工作中,马修 R. 斯坦(Matthew R. Stein)的网络交互绘画机器人 Puma Paint Project 十分引人注目。它允许任意因特网用户通过网络控制 PUMA760 机械臂在远程实验室画布上完成绘画操作。用户界面提供了用 Java 设计的虚拟画布,并且系统通过不断的图像更新给用户提供及时的视觉反馈,使得没有任何专业知识的网络用户也可以轻松实施操作。

根据控制系统性能和技术的先进性,遥操作机器人控制技术研究现状与发展可分为如下几个阶段:

1. 手工闭环控制

这是最早且研究最多的一种遥操作形式,其中操作者是手动闭环控制的核心部分。这一早期的遥操作技术主要应用于危险环境下进行操作的设备中,如核工业设备、水下遥控操作设备和空间设备。但通信的明显滞后、不稳定性和手动闭环控制是其主要缺点。

2. 共享或监管控制

这种控制机制的目的是使机器人或设备的控制可由本地控制回路和远程遥控操作者来共享。本地控制回路负责其基本功能的实现,远程遥控操作者主要负责系统的监控及对异常情况的处理。这一技术提高了操作者对设备的可操作性,避免了系统不稳定性问题。但昂贵的、为单一目的建设的操作站是其致命的缺点。通信的专用性也限制了普通网络用户的访问,使得这一技术只能应用于固定的专业领域中。

3. 基于万维网的遥操作机器人

万维网遥控机器人这一概念还处于雏形阶段。它通过基于因特网的 Web 浏览器来控制远程机器人和设备。这就需要先进的网络监控机制来避免系统的不稳定并支持网络多用户访问。这一技术的提出开创了一个崭新的研究领域,使遥操作技术的应用走向网络化和全球化。

二、基于网络的自主移动机器人控制技术

使用万维网作为机器人远程控制的基础构架使得在仅使用标准 HTML 接口的情况下给网络用户提供访问变得易于实施。因此可应用网络技术进一步扩展自主移动机器人的控制手段,使其控制不再受空间和地域的限制。国外在这一领域已经开展了深入研究,如卡耐基梅隆大学研发的基于 Web 的办公室自主移动机器人 Xavier 和基于网络进行远程控制的博物馆导游机器人米勒娃(Minerva)。这些机器人的特点是自身具有较高自主性,而网络技术又给异地操作者提供了进行远程控制的手段。基于网络的室内自主机器人控制采用事件驱动和任务控制的系统体系结构时,其自主性和基于网络的远程控制会得到更完美的结合。

最初基于网络的移动机器人的自主性能有限,而且同一时间内只能向单一用户提供网络服务。瑞士联邦洛桑科技研究所的 Khepon The Web 就是其中典型代表。用户可通过网络控制小型移动机器人在人造迷宫中进行运动并能同时经摄像头的图像反馈进行观察。

卡耐基梅隆大学研发的 Xaiver 是第一个可通过网络控制并运行于复杂办公环境的自主移动机器人。机器人可在线或离线接收请求命令并在运行时段内进行处理。Xaiver 完成任务后会通过电子邮件通知用户。Xaiver 的网络界面使用了 Client-pull 和 Server-push 技术来获取图像。此外 Xaiver 的用户界面还提供办公环境的地图并显示机器人在其上的位置。

在更为复杂的动态环境(如博物馆)中,机器人在执行任务时会遇到大量的不可预见事件。例如,博物馆导游机器人米勒娃除了要对网络用户进行在线响应,同时还要与博物馆中的游客进行现场人机交互,所以其任务规划要能够处理各种不可预测的突发事件。博物馆导游机器人要及时向用户提供各种反馈。由于使用了基于 Java Applet 的技术,其在低带宽情况下仍能按要求更新机器人状态。网络用户界面还提供机器人所带摄像头和安装于天花板上的摄像头所传回的图像。使用多种方式的代理技术可支持多用户同时访问。实际应用中常要求网络用户同现场用户分享机器人的控制。网络能给异地用户提供远程现场再现,而现场用户则通过比网络更直接的方式控制机器人,这就要求混合控制的界面设计要避免两者相互干扰。

提高被控机器人的自主性对实现实时远程控制具有重要意义。被控机器人本身具有的避障功能,对路径的自主规划和对多任务的决策能力,都有利于减少网络通信中不可预测的时滞对机器人控制实时性的影响。这一思想的实质是将属于远程控制的部分功能下放到控制系统本地来实现,远程的操作者只需对预先定义好的操作指令实施控制操作,或直接通过对运行于客户端的辅助软件的图形界面及命令菜单的单击来实施远程操作控制。这一方法降低了系统的复杂度,将各种简单的基本操作集成为高层次的复合动作,从而提高了系统操作的集成度,加快了系统的控制响应速度,保证了控制的实时性。

通过上述技术手段的应用,当网络通信出现拥塞而导致传输速率下降时,机器人控制系统本身应能够相应降低控制精度,暂缓非紧急任务,从而降低网络通信的负载。如果出现系统暂时的通信中断,控制系统的自主性可避免机器人处于失控状态,使其仍能正常完成底层控制功能,并可根据前一时间段中存储的远程控制信息进行智能预测,自主地继续完成操作者的控制要求。

三、分布式机器人控制系统

　　基于因特网的远程遥控机器人技术的应用使得低价、灵活、可扩展的真正分布式系统得以在机器人领域实现。任何连接到因特网上的机器人、代理设备、现场设备相互间均可进行通信和交互操作,以共同完成远程任务。在美国航空航天管理局的寻路者计划(Pathfinder Mission)中就采用了这一技术。这使得科学家们不必集中到加利福尼亚的控制中心也可在世界各地通过因特网交互系统来相互合作,实施对寻路者计划中空间设备的控制。这一应用是通过因特网实施分布式控制的成功实例。

　　构建高性能的通信协议体系是实现多个用户和代理间协作控制的前提。由于协议在整个系统中必须具有通用性,这也使得实施这一协议的系统应具有可重用的软件架构。在网络体系结构中,同位体是指任何与另一个实体处在同一层次上的功能单元或操作装置。分布式系统架构允许多个同位体通过中央路由器进行互联,如图 9-9 所示。同位体还可通过具有可选择性的通信"频道"进行报文交换。路由器除了知道报文的目的地址和通信"频道"外,无须了解报文中的具体内容。

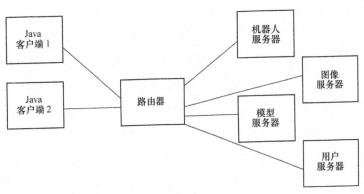

图 9-9　同位体到路由器的体系结构

　　当分布式系统中包含机器人设备时,通常被定义为分布式机器人系统。不同的分布式机器人系统使用不同的通信协议和技术,如可应用 CORBA、RMI 或 MOM 等中间件技术来实现其分布性。中间件是为特定用户的需要而剪裁的系统软件。下面介绍一下基于网络的分布式机器人系统中常用的几种中间件技术。

1. CORBA(Common Object Reguest Broker Architecture)

CORBA 规范是由 OMG(国际对象管理组织)发布并制定的标准。它使用 ORB(对象请求代理)作为中间件来建立两个对象间的客户/服务器关系。它是面向对象的远端程序调用(RPC)的扩展。使用 ORB,客户可在本机或通过网络透明地调用服务器程序。ORB 截取请求并负责寻找可完成请求的对象,还负责传递参数、调用程序和返回结果。客户端不必知道对象所在位置、使用何种编程语言和操作系统以及任何与对象接口无关的系统信息。

2. RMI(Remote Method Invocation)

RMI(远程程序调用)是 Java 特制的 RPC 中间件,它给使用 Java 对象的分布计算提供了一种简单直接的模型。这一简单性是建立在将所有通信均限制在仅应用 Java 对象上。RMI 使用了与 CORBA 的 ORB 相似的概念来提供远程对象的查询和调用。RMI 的优越性在于它仅适用于纯 Java 应用,整个对象(而不仅仅是数据)能在客户和服务器间传送,从而保证了面向对象的多态性。

3. MOM(Message-Oriented Middleware)

MOM(面向报文的中间件)与 CORBA 和 RMI 不同,它不是工业标准,而是在分布式应用环境中支持特定种类通用目标报文交换的中间件的集成术语。MOM 数据的交换是通过报文传输或报文队列,并支持分布式计算进程间的同步或异步交互。MOM 系统使用可靠队列来确保报文传送,并对所支持的报文提供目录检索、安全及管理等服务。队列特别适用于那些逐步递进的进程。MOM 模型中的报文是基于事件驱动的系统,而不仅仅是简单程序调用。客户可应用具有优先级机制的队列,这使得高优先级的报文可超越不重要的报文,这对分布式机器人的多任务控制十分重要。

通过比较可发现不同的中间件技术的通信机理和应用范围不尽相同。由于 MOM 支持的是报文格式,因此它主要适用于有延迟的异步通信;而 RMI 和 CORBA 均基于 RPC(远程过程调用)语义,是设计用以支持同步通信的。此外基于报文的通信允许向多个同位体广播信息。虽然 RMI 受到所有基于其上的应用必须是用 Java 编写的限制,但 RMI 也和 CORBA 一样是通用标准,所以具有巨大的互联潜力。由于第三方利益和版本的不同,RMI 和 CORBA 目前并没有得到现有浏览器的广泛支持。与之比较,MOM 可提供嵌入于应用程序中的轻型客户端应用编程接口,而且由于 MOM 不存在同步通信,也不需要预装任何先决软件,所以它在简单环境中更具有应用潜力。但在复杂且需要进行同步通信的环境中,CORBA 和 RMI 则应给予优先考虑。

基于网络的机器人控制技术的研发核心是实时远程控制的实现。为克服网络的不可预测时滞,达到对被控机器人实施实时控制的要求,可将通信构建在实时 TCP/IP 通信平台之上。国外已有基于这一先进技术的产品,其技术原理是在传统 TCP/IP 协议的基础上,对开放式网络互联的七层通信结构进行精简与优化。此外在新因特网协议 IPV6 中有预留的

SVP 协议,其支持视觉图像数据流的实时高速传输,这都有利于虚拟远程现场技术的实现。研发中还可从控制软件的构架上实现对控制任务的规划与管理。由于 Linux NT 技术可实现对多个任务进程的管理,并支持具有不同优先级的任务进程实施抢占机制,这都适于远程操作者对机器人所遇到的突发事件实施优先处理。在研发中还可以考虑采用带有嵌入式模块的多任务实时操作系统来构建基于事件驱动和任务控制的系统体系结构。

为实现实时控制,需要对通信的数据进行预处理。通过网络传输的数据主要分为远程控制信息和现场反馈信息。其中现场反馈信息包含大量的视觉图像数据。图像采集卡完成图像的数字化后,软件首先要对图像数据进行预处理,如进行图像辨识与数据的网络通信质量做出判断,并相应地以不同的图像精度和更新频率来响应控制端的请求。

基于网络的机器人远程控制软件的开发中涉及通用网关接口(CGI)和超文本传输协议(HTTP)等技术的应用。CGI 可对客户端的请求进行动态响应,而 HTTP 是一个无状态的面向对象式协议。但 CGI 和 HTTP 的技术组合仍有局限性,使用 Java 技术可以解决这些问题。Java 使客户端可控制网络连接且其用户接口功能完备。Java 语言的另一个重要特性是其内置的多线程机制。Java 在系统级和语言级均提供了对多线程的支持,使得 Java 具备了当代优秀操作系统并发处理事务的能力,这样在程序的运行中很容易实现各功能模块之间的切换协作与数据交换。Java 是与平台无关的,它不仅在源代码级上实现了可移植,在二进制代码上也实现了可移植。

参考文献

[1]陈建明.电气控制与 PLC 应用[M].北京:电子工业出版社,2016.

[2]杨密,易金玲.基于 PLC 的直角坐标机器人控制系统设计[J].科技通报,2018,34(08):185-188.

[3]王耀东,徐建明,徐胜华.基于 CoDeSys 平台的六自由度工业机器人运动控制器设计[J].计算机测量与控制,2018,26(09):103-107.

[4]刘伟宝.基于模块化设计的工业机器人实训项目开发与实践思考[J].南方农机,2018,49(17)158-158,166.

[5]高国富,谢少荣,罗均.机器人传感器及其应用[M].北京:化学工业出版社,2005.

[6]王爱玲,张吉堂,吴雁.现代数控原理及控制系统[M].北京:国防工业出版社,2005.

[7]胡学林.可编程控制器应用技术[M].北京:高等教育出版社,2001.

[8]赖啸.智能制造机器人机构空间轨迹规划和运动仿真设计[J].南方农机,2018,49(17):31-31,42.

[9]戴伟,陈峰,周根荣.四自由度关节机器人码垛运动分析与仿真[J].电子技术与软件工程,2018(17):116-118.

[10]李振杰,李东帅.基于和利时控制器的焊接机器人单元控制系统的应用研究[J].热加工工艺,2018,47(17):236-240.

[11]刘佳文,王粲,刘源,易煦东.机器人自动分拣试验系统流程与软件方案研究[J].价值工程,2018,37(30):115-116.

[12]刘极峰.机器人技术基础[M].北京:高等教育出版社,2006.

[13]叶晖.工业机器人工程应用虚拟仿真教程[M].北京:机械工业出版社,2014.

[14]叶晖,管小清.工业机器人实操与应用技巧[M].北京:机械工业出版社,2017.

[15]陈善本,林涛.智能化焊接机器人技术[M].北京:机械工业出版社,2006.